Coffeedential

커피하는 사람의 시선으로 바라본 커피업계 이야기

커피덴셜

송인영 지음

아이비라인

"커피 쪽 일 합니다."

보통 '직업이 어떻게 되냐'는 질문에 커피업계 사람들은 이런 식으로 대답하곤 한다.
사람들이 자신을 소개할 때 정비공 대신 '차하는 사람'이라고 하거나 작가 대신
'책하는 사람'이라고 하는 경우는 흔치 않다. 하지만 커피업계에서 만큼은 사전
어디에도 직업으로서의 의미가 없는 이 '커피'라는 단어로 스스로를 지칭한다.
바리스타도 로스터도 아닌, '커피하는 사람'으로 말이다.

한 기업에서 강사로 일하고 있지만, 나 역시 커피하는 사람이다.
나는 모두가 커피를 마시게 됐을 때 카페에서 일을 했고, 또 모두가 커피를 배울
때 바리스타 자격증을 땄다. 모두와 함께 커핑을 시작했고, 많은 사람들이 동경하는
커피대회와 산지에 가기 위해 동분서주하며 프리랜서로도 살아봤다.
때로는 커퍼로, 때로는 심사위원으로, 때로는 프리랜서로도 불렸지만 그 무엇도
나의 일 전부를 온전히 설명할 수는 없었다.
발바닥에 땀이 날만큼 바쁘게 뛰어다닐수록 나는 점점 더 내가 정확하게 어떤 일을
하는 사람인지 설명하기가 힘들어졌다.

어째서 그런 것일까?
그동안 내가 커피업계에서 일하며 깨달은 것 하나는 이곳에는 어떤 정답도 오답도
없다는 사실이었다. 커피업계에서는 한 사람에게 다양한 역할이 주어진다.
바리스타가 커피 바에만 있는 경우는 드물고, 생두의 다이렉트 트레이드가
늘어나면서 로스터가 직접 산지와 커피 무역을 하기도 한다. 본업보다 커피대회의
선수나 심사위원 활동에 매진하고, 커핑 열풍을 좇아 커퍼임을 자처하는 사람들도
많아졌다.

같은 업계 내에서도 좋은 커피의 조건은 저마다 다르며, 아무리 완벽하게 동일한 기술이라고 해도 상황에 따라 옳은 것이 되기도 틀린 것이 되기도 한다.

그렇게 커피업계에서는 각자가 하는 일의 성격이나 일하는 환경에 따라 나름의 입장이 있고, 때론 책에도 나오지 않은 수많은 답이 생겨나곤 한다.

이 책은 내가 10여 년간 '커피하는 사람'으로 경험한 많은 상황과 그에 대한 견해를 엮은 책이다.

강단에서 하기엔 가볍고, 그렇다고 농담으로 하기엔 무거운 커피업계 이야기들.

1장은 커피의 원료인 생두를 평가하는 커퍼의 이야기다.

커핑은 커피가 지닌 재료로서의 가능성을 알아보는 작업이다.

커핑을 할 때는 커피 자체를 음료로 보지 않기 때문에 그만의 독특한 시각에서 커피의 품질을 평가한다.

커퍼의 역할은 대개 산지에서의 가공과 관련된 평가에 집중되는 경우가 많지만 이 장에서는 주로 소비국 커퍼의 이야기를 담았다.

2장은 국내외의 여러 커피대회에 관한 이야기다.

대회장은 스페셜티 커피가 극단적으로 구현되는 공간이다.

이곳의 커피는 소비자가 당장 맛있게 마실 수 있는 현실적인 음료가 아니라, 앞으로의 스페셜티 커피업계에 새로운 방향을 제시한다는 대의를 품고 있다.

이곳에서 선수와 심사위원이 커피를 보는 기준은 제각각일 테지만, 이 장은 어디까지나 내가 심사위원의 시선으로 바라본 커피대회 이야기를 엮은 것이다.

3장은 국내 커피교육 시장에 대한 이야기다.
한국의 커피교육은 커피산업의 보조역할을 할 뿐 아니라 그 자체로 이미 하나의
시장을 형성하고 있다.
이따금 커피산업과 커피교육은 커피에 대해 다른 접근 방식을 가지고 있고
'좋은 커피'의 기준에도 차이가 있다. 이 장에서는 강사의 눈으로 본 커피시장과
커피교육에 관한 이야기를 담았다.

마지막 4장은 여러 문화권의 커피 이야기다.
커피는 전 세계의 다양한 문화권에서 각기 다른 형태의 문화로 발전되어 왔다.
국가와 지역, 그리고 개인의 문화적 배경에 따라 다채로운 시각과 커피가 존재한다.
나 또한 기본적으로는 커피 쪽 일을 하는 사람이기 때문에 오롯이 소비자로서의
시각은 가질 수 없다.
이 장은 커피하는 사람과 소비자의 중간 지점에서 만난 몇 가지 문화권의 커피에
대한 이야기를 엮은 것이다.

한때 나는 이 책에 미처 담지 못한 수많은 경험과 다양한 견해로 인해 내 직업에
대해 혼란스러워했던 적도 있었다. 하지만 지금에 와서는 이 모든 상황을 관통하는
하나의 답을 구하는 것보다, 매 순간에 맞는 그만의 시각과 기준을 아는 것이 더
중요한 것임을 깨닫는다.
이 책이 나와 같이 '커피하는 사람'으로 관련 업계에 종사하는 사람들에게는
서로의 생각을 공유하는 계기가 되길 바라고, 일반 소비자들은 커피업계의 면면을
들여다보며 커피를 더 재밌게 즐길 수 있게 되길 진심으로 바란다.

2015년 9월
송인영

CONTENTS

1장

커퍼의
눈으로 보다

See with the eye of the cupper

커핑을 하는 일은 산지의 커피를 만나는 일이다.
산지에서 하는 커핑이든 한국의 작은 사무실에서 하는
커핑이든 마찬가지다.
커핑을 하는 순간만큼은 커피가 겪어온 환경이 향미에
어떤 영향을 미쳤는지 관심을 가져야 한다.
그것이 좋은 특성이든 나쁜 특성이든 커퍼는 말 못하는
커피를 대신해 말을 해줘야 한다.
커피의 품종과 산지의 토양, 기후 같은 성장 배경이
어떤 향미를 만들어냈고, 농부의 세심한 손길은 또
얼마나 좋은 역할을 했는지.
그리고 그것이 어떻게 가공될 때 가장 아름답고
빛나는지를 이야기해주는 멋진 직업.
나는 그것이 커퍼라고 생각한다.

01
———

브라질 커피와
두 가지
프로세싱

———

2008년에 마주한 두 종류의 브라질 커피가 있다.

브라질 미나스제라이스^{Minas Gerais}의 한 농장에서 재배되어 두 가지 다른 가공을 거친 문도 노보^{mundo novo}* 커피.

그것은 내가 처음으로 접한 산지로부터의 생두 샘플이었고, 당시는 내가 카페 파트타이머가 아닌 '커피하는 사람'으로 월급을 받은 지 일 년째가 되어가던 무렵이었다.

---

* 문도 노보^{mundo novo} 커피 품종 중 하나로, 버번^{bourbon}과 티피카^{typica}의 교배종이다. 병충해에 강하며 수확량이 많다. 브라질에서 가장 많이 재배하는 커피 품종이기도 하다.

첫 샘플을 만난 순간은 어쩐지 특별해야만 할 것 같았다. 하지만 설렘과 두근거림을 느끼기엔 나는 아무것도 아는 게 없었다. 심지어 샘플과 함께 온 커피의 정보도 도무지 알아볼 수 없었고, 의미 없는 단어의 조합으로 느껴질 뿐이었다.

Origin Brazil

Region Zona da Mata 08/09

Kind Mundo Novo, FF Rio

Processing Natural Process

Size Screen 18 up, Fine Cup

도대체 'FF Rio'는 무엇이고, '18 up'이며 'Fine Cup'은 죄다 무슨 소리인지. 그러나 의미를 알 수 없는 정체불명의 자료보다 더 신경 쓰였던 것은, 1킬로그램짜리 로스터에 볶아야 하는 생두의 양이 200그램도 채 되지 않는다는 사실이었다.

"그거 또 달라고 하기 힘드니까 망치면 안 된다. 그리고 다 볶으면 안 되고 일부는 남겨줘야 해."

이야기인즉, 혹시나 생두에 문제가 있으면 돌려보낼 때 쓸 참고자료가 필요하니 일부는 남겨두라는 것이었다. 당시 내 상사였던 실장님은 자신이 첫 번째 배치batch*를 볶을 테니 보고 똑같이 따라하라고 했다. 그렇게 예열된 로스터 앞에 선 나는 100그램 남짓한 생두를 넣고 또 다른 차원의 막막함을 느꼈다.

샘플러sampler*에는 소복이 담겨있어야 할 생두 대신 선심 써서 올려놓은 듯한 한두 알이 전부였고, 그것은 도저히 색을 가늠할 수 있는 수준이 아니었다. 게다가 드럼 안에서 '촥촥' 경쾌한 소리를 내며 돌아야 할 생두는 한 알씩 집어던져지듯 '틱틱' 하고 울리는 것이 기가 막히긴 마찬가지였다. 워낙 적은 양의 샘플이다 보니 생두의 온도 변화도 그전에는 경험하지 못한 것이었다.

그때 내가 어떤 생각과 감정으로 로스팅을 끝까지 지켜봤는지 또렷이 기억나지는 않지만 배출구를 열었을 때 쏟아져 나왔던 갓 볶은 원두의 향기와 그때의 감동은 지금도 눈앞의 광경처럼 생생하다.

3평에 불과한 작은 공간을 순식간에 채운 향은 아로마 키트 18번의 '프레쉬 버터fresh butter'로, 내가 알고 있던 기존의 커피 상식을 완전히 깨는 향이었다. 그러나 놀라움도 잠시, 곧이어 볶은 두 번째 커피는 로스

※ 배치batch 로스팅 횟수를 세는 단위.
※ 샘플러sampler 로스팅을 할 때 로스터 안의 원두를 약간만 꺼내 로스팅 상태를 확인할 수 있는 부품.

팅을 막 끝냈을 때만 해도 향기가 그렇게 강렬하진 않았지만 그라인더에 들어갔다 나오자마자 온 방안을 상큼한 향기로 가득 채웠다. 이 커피는 첫 번째 커피와 동일한 농장에서 재배된 문도 노보였는데, 가공법만 세미 워시드semi washed로 다른 것이었다.

"브라질 커피에서 레몬 향기 맡아본 건 처음이에요."
"난 커피 자체에서 이렇게 센 레몬 향기를 맡아본 적이 없어."

화장실이나 사무실에서 나쁜 냄새를 없애고 싶을 때 뿌리는 제품 있지 않은가. 그 커피에서 난 향기는 더도 덜도 말고 딱 그런 레몬 향기였다. 자연에서조차 느낄 수 없을 것 같은 강렬하고 자극적인 레몬 향기. 하지만 당시 가장 놀라웠던 것은 그 두 가지가 한 농장에서 온 완전히 같은 품종의 커피고, 단지 가공방식만 다르다는 사실이었다.

'내추럴 프로세싱natural processing*을 거친 커피는 전반적으로 바디body*가 좋은 편이지만 흙냄새earthy 등의 결점이 많이 나타나는 것이 흠이다. 비용이 적게 들기 때문에 저가형 커피를 가공할 때나 후진국에서 많이 사용하는 방식이다. 워시드 프로세싱washed processing*을 거친 커피는 품질

※ 내추럴 프로세싱natural processing 커피체리를 수확해서 수분율이 10~13%가 될 때까지 그대로 말렸다가 탈곡husking하는 방식.
※ 바디body 입안에서 느껴지는 커피의 무게감과 질감.

이 균일하고 산미가 강하며 깔끔한 맛이 난다. 많은 양의 물을 필요로 하는 방식이라 아프리카 등지의 물이 부족한 국가에서는 도입할 수 없으며, 주로 중미 지역에서 사용한다.'

커피를 하는 모든 사람들이 커피학 개론의 첫 장에서 배우는 가공법에 관한 내용이다. 나 또한 그렇게 배웠지만 그 향미의 차이라는 것은 어디까지나 아주 미세한 차이일 뿐이고, 지금으로 치면 흡사 '생활의 달인'에나 나올 법한 몇몇 특이한 사람들만 느낄 수 있는 것이라고 생각했다. '그래봤자 커피가 커피 맛이지'라는 흔한 생각. 그러나 실제는 달랐다.

프로세싱의 차이는 실로 굉장한 것이었다. 제대로 가공된 내추럴 프로세싱 커피는 단순히 결함이 많은 싸구려 커피가 아니었고, 커피가 지닌 모든 향미를 하나도 잃지 않으면서 훌륭한 복합성complexity*을 보여줬다. 또한 워시드 프로세싱 커피는 커피의 향미를 깔끔하게만 만드는 것이 아니라, 커피라는 음료에서 상상할 수 없었던 꽃과 과일 같은 긍정적인 향미를 비정상적이리만큼 한껏 끌어올려줬다.

---

* 워시드 프로세싱washed processing 커피체리의 과육과 점액질을 제거한 후 건조하는 방식.
* 복합성complexity 커피의 향미가 얼마나 다양하게 나타나는지를 평가하는 척도.

그때까지만 해도 나는 브라질 커피를 적당한 바디 말고는 이렇다 할 특징이 없는 밋밋한 커피로 여겼다. 에스프레소 블랜드나 하우스 블랜드의 베이스로 쓰이는 도화지 같이 무난한 커피. 그외에는 어떤 호감도 반감도 없었다.

하지만 이 두 가지 커피는 브라질 커피 특유의 안정적인 바디에 훌륭한 산미가 더해진 특별한 커피, 그야말로 스페셜티 커피였다. 특정 산지의 커피가 무조건 좋을 거라는 선입견은 무의미한 것이었다.

내가 처음 두 개의 샘플을 만났을 때 느낀 감동은 지금처럼 이론적으로 설명할 수 있는 것이 아니었다. 그것은 그저 새로운 세계와 마주한 데서 오는 순수한 놀라움과 감동, 그리고 그 너머에 있을 또 다른 무언가에 대한 호기심이었다.

'버터 향기'와 '레몬 향기'로 기억되는 그날의 커피는 내게 커피 프로세싱의 놀라운 가능성을 열어줬고, 이후 커피의 향과 맛을 느끼는 것은 언제나 즐거운 일이 됐다.

다양한
커피 프로세싱

1 내추럴 프로세싱
Natural Processing

가장 기본적이고 오래된 가공방식으로, 드라이 프로세싱 dry processing이라고도 한다. 커피체리를 수확해서 수분율이 10~13%가 될 때까지 말렸다가 탈곡husking하는 방식이다. 커피체리를 그대로 건조시키기 때문에 작업 시간이 오래 걸리고, 과발효되거나 부패될 위험이 커서 저급커피의 가공방식으로 인식되는 경우가 많다. 하지만 세심하게 가공된 내추럴 프로세싱 커피는 향미의 강도가 높고, 바디body와 단맛이 좋다는 장점이 있어 워시드 프로세싱 커피보다 더 높은 평가를 받기도 한다. 같은 내추럴 프로세싱 커피도 건조방식에 따라 향미의 변화가 크다.

❶ 파티오patio 건조
파티오는 마당을 뜻하는 말로, 파티오 건조는 커피체리를 넓은 공간에 펼쳐 놓는 일반적인 건조방식이다. 콘크리트나 점토로 된 파티오가 가장 흔한 형태지만, 포장되지 않은 흙바닥에 그대로 말리거나 비닐을 까는 경우도 있다. 파티오가 햇볕에 과열되면 커피체리의 향미가 불균형해질 수 있기 때문에 파티오 건조를 한 다음 기계 건조로 마무리하기도 한다. 생두의 건조 속도를 늦춰 커피의 단맛을 높이려는 목적으로 커피체리를 산처럼 쌓아 놓는 농장도 있다.

커피의 원재료인 생두는 커피체리 제일 안쪽에 있는 씨앗이다. 커피체리에서 생두를 분리해내는 작업을 가공processing(프로세싱)이라고 하는데, 가공은 품종만큼이나 커피의 향미에 미치는 영향이 크다. 가공방식을 내추럴natural, 워시드washed, 펄프드 내추럴pulped natural로만 구분했던 과거와 달리 최근에는 농장마다 독특한 이름의 새로운 가공방식이 생겨나고 있다.

❷ 베드bed 건조

커피체리를 망에 널어놓고 말리는 건조방식으로, 보통 나무나 그물로 된 망을 사용한다. 아프리카처럼 넓은 평지가 없는 지역에서 많이 쓰이기 때문에 아프리칸 베드african bed라고도 부른다. 파티오 건조에 비해 공기 순환이 잘되는 만큼 커피체리를 큰 편차 없이 골고루 건조시킬 수 있어 스페셜티 커피시장에서 각광받고 있다. 내추럴 프로세싱뿐 아니라 다른 가공방식에서도 상용되며, 건조속도를 늦추기 위해 망 위에 천이나 가림막을 설치하는 한편, 태양열을 모으고자 상단에 비닐 소재의 구조물을 대기도 한다.

❸ 기계 건조

커피체리를 기계에 넣고 낮은 온도의 열풍을 이용해 빠르게 말리는 방식이다. 생산성이 중요시되는 대농에서 주로 사용한다. 기계 건조에서는 커피체리가 40도 이상의 높은 열기에 노출되지 않도록 하는 것이 중요하다. 다른 방식으로 한번 건조한 후에 마무리 단계에서 추가되기도 한다.

❹ 기타

빨갛게 무르익은 커피체리를 바로 수확하지 않고 나무에서 자연적으로 건조될 때까지 기다렸다가 재건조하는 방식이 있는데, 이는 농장마다 드라이드 온 트리dried on tree, 더블 드라이double dry 등 다양한 이름으로 불린다. 수확 시기를 놓쳤을 때나 가뭄이 일어났을 때도 나무에 매달린 채로 건조되기 때문에 구분 없이 내추럴 프로세싱으로 부르기도 한다.

2 워시드
프로세싱
Washed Processing

커피체리의 과육과 점액질을 제거한 후 건조하는 방식으로, 웻 프로세싱wet processing이라고도 한다. 기계로 커피체리의 과육을 제거(펄핑pulping, 디펄핑depulping)하면 파치먼트parchment에 붙어있는 끈적거리는 점액질이 남는데, 워시드 프로세싱에서는 이를 자연발효나 점액질 제거기를 통해 제거한다. 워시드 프로세싱 커피는 고형성분의 양이 적어 당도와 바디가 낮다는 단점이 있지만 품질이 균일하며, 산미가 높고 클린컵clean cup(커피의 향미가 선명하고 깔끔한 정도를 평가하는 척도)이 뛰어난 편이다.

❶ 발효탱크
파치먼트와 물을 수조에 넣고 발효시켜 박테리아의 작용으로 점액질을 제거하는 방식이다. 커피의 향미가 선명하고 산미가 높다는 장점이 있지만 많은 양의 물을 사용해야 한다는 것이 단점이다.

❷ 이중발효
발효탱크에서 점액질을 제거한 후 다시 추가로 발효시키는 방식이다. 1차 발효에서 미처 제거되지 못한 부산물이나 효모를 말끔히 없애고 쓴맛이 나는 성분을 제거해 커피의 향미가 보다 더 선명해진다.

❸ 점액질 제거기
기계를 이용해 점액질을 제거하는 방식으로 점액질 제거기 제조사로는 페나고스Penagos 사가 유명하다. 점액질을 100% 제거할 수는 없으며, 이후에 탱크에서 발효시키는 과정을 추가하기도, 그대로 말려서 세미 워시드나 허니 프로세스로 가공을 마치기도 한다.

3 펄프드 내추럴
Pulped Natural

허니 프로세스
Honey Process

세미 워시드
Semi Washed

커피체리를 과육이나 점액질이 남아있는 상태로 건조시키는 방식이다. 지역에 따라 펄프드 내추럴이나 세미 워시드로 불리는데 최근에는 허니 프로세스로 더 잘 알려져 있다. 마이크로 밀micro mill이라고 하는 소형 가공기계가 보급되면서 크게 발달했다. 과육을 남긴 채로 가공해 커피의 바디, 향미, 산미, 클린컵을 모두 얻을 수 있지만 파치먼트 표면의 점액질이 발효되어 과발효가 나타날 위험이 있다. 과육과 점액질을 남기는 정도에 따라 각각 다른 이름으로 불린다.

❶ **화이트 허니**white honey
   과육과 점액질의 약 90%를 제거

❷ **옐로우 허니**yellow honey
   과육과 점액질의 60~80%를 제거

❸ **레드 허니**red honey
   과육과 점액질의 20~40%를 제거

❹ **블랙 허니**black honey
   과육과 점액질의 약 10%를 제거

❺ **기타**
   아시아, 특히 인도네시아의 수마트라Sumatra에서 발달한 웻 헐링 wet hulling이라는 가공방식도 있다. 일차적으로 커피체리의 과육을 제거한 다음 완전히 건조되기 전, 수분율이 40~50%가 되었을 때 탈곡해서 생두 상태로 말리는 방식이다. 생두가 주변 환경에 너무 오랜 시간 노출되면 향미가 떨어지거나 결점이 생기기 쉽다. 하지만 간혹 중미에서는 독특한 흙냄새와 높은 바디 때문에 이 가공방식을 도입하기도 한다.

일본 커퍼와의
첫 만남

——

일본의 한 생두회사와 일을 시작할 때쯤, 그곳에서 새로 근무하게 된 어느 커퍼의 이야기를 듣게 되었다. 정확한 이름을 알 순 없었지만 그녀는 한때 미국의 큰 커피회사에서 일을 했으며, 이후 지금의 회사로 스카우트가 되었다는 것이었다. 스카우트될 당시 그녀가 회사에 요구한 조건 중 하나는 근무 환경에 관한 것으로, '반드시 프로빗Probat 샘플 로스터를 구비해둘 것'이었다고 한다. 그래서 회사는 그녀의 요구대로 로스터를 구매했는데, 그녀가 전기 로스터 사용을 거부하는 바람에 기기를 가스로 작동할 수 있게끔 개량하고 다시 절차를 밟느라 굉장히 고

생했다는 이야기를 회사 관계자를 통해 전해들었다. 자신의 업무에 있어서 타협을 불허한 그녀와 그렇게 해서라도 그녀를 스카우트하려 했던 회사의 에피소드는 마치 무용담처럼 들렸다. 하지만 어떤 일화보다도 그녀에 대해 강렬한 인상을 남긴 수식어는 이 말이었다.

"걘 진짜 그거야. 커퍼."

커퍼. 커핑을 하는 직업.

2008년은 한국 커피업계에 드라마 〈커피 프린스 1호점〉의 후폭풍이 남아있는 시기였다. 커피숍이 기하급수적으로 늘어나면서 바리스타에 대한 관심도 높아졌지만, 커피의 원재료인 생두의 품질에 대한 관심은 그다지 높지 않았다. 심지어 생두회사들조차도 커핑보다는 핸드드립 같은 일반적인 추출방법으로 커피의 품질을 평가하곤 했다. 때문에 '커퍼'라는 단어도 책에서나 봤지 실제로 그런 직함을 쓰는 사람이나 업체는 찾기 힘들었다. 그런데 가까운 일본에 있었다. 바로 그 커퍼가.

그녀는 어떤 사람이고 무슨 일을 할까. 마법 같은 미각과 후각을 가진 그녀의 모습은 또 어떨까. 그렇게 이런저런 상상을 하는 동안 내 머릿속의 그녀는 꽤나 깐깐하고 신경질적이며, 나비 모양의 안경테를 바짝 추켜올린 바싹 마른 사감 선생님의 이미지가 돼있었다.

2008년도 일본스페셜티커피협회Specialty Coffee Association of Japan, SCAJ 연례
전시 첫날, 협력사의 전시 부스를 찾은 내 눈에 낯익은 얼굴들 사이로
수수해 보이는 한 여성이 들어왔다. 왜소한 체격에 까무잡잡한 피부,
여중생처럼 층 없는 단발머리를 한 그녀는 무척이나 반듯한 태도로 손
님들을 맞이하고 있었다. 얼핏 긴장한 듯 했던 그녀는 얼굴에 연신 웃
음을 띠고 있었는데, 그 모습이 마치 학교를 갓 졸업하고 첫 직장에 입
사한 구김살 없는 성격의 인턴 직원 같았다. 그녀가 무용담의 주인공인

'진짜 커퍼'라는 것은 첫째 날 일정이 끝난 후에야 알았다.

내 기억 속의 그녀는 매우 따뜻한 언어와 미소를 지닌 사람이었다. 일본 커피업체의 한 관계자는 그녀가 '일본에서도 특별한 커퍼'라고 말하기도 했다. 어린 나이에 미국의 커피 대기업에서 근무하다 전 세계에서 가장 큰 생두회사 중 한 곳에 극진한 대접을 받으며 스카우트된 유능한 커퍼이자 CoE$^{Cup of Excellence}$(컵 오브 엑셀런스)의 초창기 일본인 심사위원. 그는 나에게 여러 가지 수식어를 붙여 그녀를 자랑스럽게 소개했다.

일본에서의 마지막 날, 나는 한국으로 떠나기 전 그녀와 이런저런 이야기를 나눴다.

"전 커퍼가 아니에요. 하지만 언젠가는 정말 커퍼가 되면 좋겠어요. 아직은 배우는 중이지만 당신이 하는 일이 멋지다고 생각해요. 앞으로 저도 꼭 그런 일을 하고 싶어요."

그녀는 내가 지금까지 해온 일이나 나의 실력에 대해서는 묻지 않았고, 커핑은 누구나 할 수 있는 일이며 이미 모두가 하고 있는 일이라고, 다만 자신은 그 일에 집중할 수 있는 여건이 돼있을 뿐, 그마저도 얼마 되진 않았다고 했다. 그녀는 선망 받는 커퍼였지만 누구보다 겸손하고 온화했으며, 그렇기에 더욱 인정할 수밖에 없는 사람이었다.

그녀와 대화하던 중 CoE에 대해 물어본 적이 있었다.

"생두를 평가하는 자리인데, 규모가 큰 행사라 많은 커퍼들이 며칠 동안 함께 생활하다시피 하면서 커피를 맛보고 점수를 내요. 한번에 점수를 내는 것은 아니고요. 커피 하나를 몇 잔씩, 그리고 같은 커피를 여러 번에 걸쳐서 맛보죠. 그게 어떤 커피인지 알지 못하게 이름을 가린 상태로요. 그렇게 각자 점수를 준 다음 다른 커퍼들의 점수와 내 점수를 비교해보고, 토론해서 최종 점수를 매겨요."

"와, 생각만 해도 스트레스 받을 것 같아요."

"힘든 일이에요. 하지만 즐거운 일이죠."

"다양한 커피를 맛볼 수 있는 건 좋지만 스트레스가 심할 것 같아요. 커피 이름을 가린 채로 몇 번씩 먹다 보면 아까 먹은 걸 알아채지 못할지도 모르잖아요. 그래서 조금 전과 완전히 다른 점수를 주면 어쩌죠? 다른 커퍼들과 점수를 비교했을 때 내 점수만 다르면 또 어떻게 해요? 긴장되지 않아요?"

이제 와 돌이켜보면 민망해서 얼굴이 화끈거릴 정도로 솔직한 질문이었다. 지금 내가 그녀의 설명을 들었다면 CoE 행사장을 바로 떠올렸겠지만 당시 내 앞에 펼쳐진 광경은 호텔 연회장쯤 되는 곳에 사람들을 한데 모아 놓고 같은 커피를 계속 마시게 하면서 어떤 커퍼가 커피를 더 잘 골라내는지 겨루는 살 떨리는 시험장이었다.

"물론 긴장돼요. 하지만 맛있는 아이들을 만나는 건 더없이 기쁜 일이죠. 그곳에는 정말 훌륭한 아이들이 있어요. 안타깝게도 더러 인정받지 못하는 아이들이 있긴 하지만 다들 나름대로 가능성을 가지고 있어요. 그런 아이들을 계속 맛보는 거니까 전혀 힘들지 않아요. 커핑은 즐거운 일이에요."

'커피를 만나는 것은 즐거운 일이다.'

그것이 내가 만난 첫 번째 커퍼인 그녀가 알려준 커핑이었다. 그때부터 나는 커피의 단점을 찾아내서 비판하는 것을 그만두려 노력했다. 그녀가 내게 알려준 커핑은 그런 것이 아니었기 때문이다.

커피의 작은 장점도 발견해 쓸모없는 것에서 유의미한 무언가로 가능성을 키워내는 일. 그런 멋진 일을 하는 게 커퍼라는 생각이 들었다.

그녀는 종종 자신이 맛본 커피를 '아이'라고 부르곤 했다. 또 자신의 일을 사랑하고 자랑스러워했으며, 많은 '아이들'과의 만남을 순수하게 즐겼다. 그리고 나는 그녀와 같은 커퍼가 되고 싶었다.

03

로부스타
vs아라비카

———

커피를 공부하면 첫날 배우게 되는 단어가 바로 커피의 두 가지 종인 '코페아 아라비카^{Arabica}'와 '코페아 카네포라^{Canephora}'다.

보통 아라비카는 높은 고도에서 생산되는 가격이 비싼 고급커피로, 카네포라는 낮은 고도에서 생산되는 가격이 싼 저급커피로 소개된다. 세계적인 생산량 추세는 아라비카가 카네포라를 앞서는 데 비해, 한국의 커피 수입량과 실제 수요는 카네포라가 아라비카를 크게 웃돈다.

특히 카네포라 중에서도 향미가 독특하고 추출수율*이 높은 품종

---

* 추출수율 원두의 무게 대비 수용성 성분의 무게 비율.

인 로부스타^{Robusta}는 인스턴트커피나 커피 추출액의 생산에 유리해 국내 커피시장의 80% 가량을 차지한다. 원두커피보다는 인스턴트커피 수요가 많은 한국 시장의 특수성 때문인데, 국내의 많은 커피하는 사람들은 이를 해결해야 할 과제이자 문제로 보는 경향이 있다.

'저질 커피'를 좋아하는 한국 소비자들의 '저렴한 입맛'을 고치는 일 말이다.

일반적으로 아라비카 커피는 로부스타 커피에 비해 다양한 향미 성분을 지니고 있다. 아라비카가 본래 가지고 있는 특성이기도 하지만, 높은 고도에서 생산되는 환경의 영향도 크다. 반면 로부스타는 카페인 함량이 높아 병충해에 강하기 때문에 낮은 고도의 평지에서도 재배할 수 있고, 기계 수확이 용이하다. 다만 저지대에서 생산되기 때문에 향미가 단조로우며, 카페인의 쓴맛에 로부스타 특유의 고무 향기^{rubbery}가 더해져 아라비카와 상반되는 커피로 인식되어 왔다.

로부스타 커피가 저렴한 것은 이러한 환경적인 요인이 오랜 세월 누적된 결과다. 손쉽게 생산할 수 있고, 수확률이 높기 때문이다. 어쩌면 우리는 이런 점을 모조리 무시한 채 단지 '로부스타의 향미는 나쁘다. 왜냐면 로부스타이기 때문이다'라는 논리로 로부스타를 대하고 있는 것일 수도 있다.

우리 주변에는 '아라비카 100%'라는 이름으로 300밀리리터가 990 원이니 1,500원이니 하는 놀랄 만큼 저렴한 가격에 판매되는 커피들이 있다. 어떤 물건이든 판매가가 싸려면 원가가 낮아야 한다. 그것은 설명할 필요도 없는 당연한 이치다. 그러나 단지 '아라비카 100%'라는 명목을 지키기 위해 그들이 얼마나 낮은 등급의 아라비카를 쓰는지 일반소비자들은 상상조차 못할 것이다.

프리랜서 생활을 했던 2년 남짓한 기간 동안, 나는 '100% Full Black* Sample'이라든가 'Brazil NY 5*'라든가 하는, 수급조차 힘들 정도로 등급이 낮은 커피가 원료로 채택되는 광경을 숱하게 봤다. 만약 그들이 '아라비카 100%'라는 이름값보다 커피 자체의 품질을 먼저 고려했다면 비슷한 가격대에 훨씬 품질이 좋은 로부스타를 선택지에 올렸을 것이다. 최근 들어 로부스타의 품질에 대한 관심이 높아지면서 아라비카만큼 비싼 가격에 품질도 좋은 로부스타가 인도, 우간다 등지에서 공급되고 있다. 또한 아라비카 커피의 품질 평가에 최적화되어 있었던 SCAA 커핑시트와 별개로 로부스타 커피를 위한 커핑시트가 새롭게 개발되어 널리 사용되고 있다. 한편 미국의 CQI^Coffee Quality Institute에서는 이 커핑시트를 활용해 기존의 큐 그레이더^Q-grader*와 다른 알 그레이더

※ Full Black 생두가 썩어서 검게 변한 것. 이는 가공해서 음료로 만들었을 때 화학약품 냄새 같은 매우 부정적인 향미를 내기 때문에 커피 품질 평가에서 반드시 구분하는 결점두 중 하나다.

※ NY 5 뉴욕 상품거래소의 커피 등급은 NY2부터 NY8까지로 분류되는데, 이중 NY 5는 300그램의 생두에 60점의 결점이 있는 하위 등급이다.

※ 큐 그레이더^Q-grader 미국의 CQI에서 생두 등급을 구분하는 능력을 갖춘 이들에게 주는 자격.

R-Grader, Robusta Grader 자격증을 도입하기도 했다.

로부스타를 블랜딩에 쓰는 대표적인 사례로는 아마 이탈리아 에스프레소를 들 수 있을 것이다. 요즘 유행하는 미국식 스페셜티 커피를 지향하는 이들 중 몇몇은 정통 유럽식 에스프레소에 극단적인 비호감을 드러낸다.

앞서 말했듯이 로부스타 커피는 가공방식에 따라 추출수율이 50%를 상회하는 경우도 있다. 추출수율이 30% 정도인 아라비카 커피에 비해 압도적으로 높은 수치다. 같은 양의 원두여도 아라비카보다 로부스타에서 더 많은 커피성분이 추출된다는 뜻이다.

이탈리아의 한 커피학자의 설명에 따르면 유럽, 그러니까 이탈리아에서 처음 에스프레소가 시작되었을 때는 추출기술의 한계 때문에 많은 양의 로부스타를 사용했다고 한다. 추출수율이 낮은 아라비카만으로는 점도가 높고 크레마가 두터운 에스프레소를 만들 수 없었기 때문이다. 원두의 배전도가 높았던 것도 같은 이유에서다.

그 후로 커피장비와 기술이 발달하면서 유럽 대륙에서도 100% 아라비카 블랜드와 배전도가 낮은 원두를 사용하는 곳이 점차 늘어났지만, 그들의 문화적 배경과 오랫동안 이어져온 기호와 취향은 아직까지 남아 오늘날 '유럽 커피'라는 형태로 자리 잡았다.

국내 커피시장의 특수성 역시 로부스타로 대변된다. 로부스타를 선호하는 한국인의 커피취향은 한국전쟁 전후로 보급된 동결건조식* 인스턴트커피를 계기로 만들어졌다. 혹시 지금의 믹스커피*를 최초로 개발한 나라가 다름 아닌 한국이라는 사실을 알고 있는지.

2014년 석사논문을 쓸 당시 나는 이러한 한국 커피시장의 특성에 주목하여 아라비카 커피와 로부스타 커피에 대한 국내 소비자들의 선호도를 조사한 적이 있었다. 그 시기에 국내에서 유통됐던 가장 높은 등급의 아라비카와 로부스타 두 종을 다섯 가지 비율(아라비카 100%, 아라비카 75%+로부스타 25%, 아라비카 50%+로부스타 50%, 아라비카 25%+로부스타 75%, 로부스타 100%)로 각각 다르게 블랜딩해 일반인들을 대상으로 블라인드 테이스팅을 진행한 것이다.

많은 사람들이 아라비카의 비율이 높은 쪽을 선택할 것이라는 당초 예상과 달리 결과적으로는 로부스타가 75% 가량 혼합된 쪽의 선호도가 가장 높게 나타났다. 젊은 층으로 갈수록 아라비카 커피의 선호도가 높아지는 추세를 보였지만 20대를 포함해 모든 연령대가 로부스타가 조금이라도 섞인 블랜드를 더 선호했다. 이는 국내 소비자들이 단순히 경제적인 이유뿐만 아니라, 커피취향이라는 측면에서도 로부스타를 선호한다는 방증이기도 했다. 때문에 이러한 특성을 무시하고 '로부스

---

* 동결건조식 고농축 커피 추출액을 냉각한 후 수분을 증발시켜 가루 형태로 가공하는 방식.
* 믹스커피 인스턴트커피와 크림, 설탕을 소비자 기호에 맞게 표준화한 비율로 섞어 낱개 포장한 제품.

타'와 '아라비카'로 시장을 나누는 것은 어리석은 일이라고 볼 수 있다.

내 기억 속의 첫 번째 커피는 어머니가 냉면 그릇에 차가운 믹스커피를 한 사발 가득 풀어놓고 동네 아주머니들과 나눠 마시던 시원한 아이스 커피다. 나 또한 커핑을 많게는 하루에 300컵 이상 하는 생활을 해봤지만 내 인생의 첫 커피는 96점짜리 게이샤나 CoE^Cup of Excellence(컵 오브 엑셀런스) 커피가 아니었다. 대다수의 한국 사람들이 그렇게 처음 커피를 경험하고, 그 경험은 분명 우리가 몸담고 있는 한국 커피시장의 문화적 배경으로 짙게 깔려있다고 확신한다.

무작정 '좋은 커피'만 외치는 커핑이라면 하지 않느니만 못하다. 게다가 생두를 구매할 때는 그 규모가 크면 클수록 더욱더 소비자들이 속해있는 곳의 문화를 이해하고 그들을 조금씩 내가 원하는 방향으로 이끌어갈 수 있는 방법을 생각해야 한다. 그들의 기호를 고려하지 않고 무턱대고 '네 생각은 잘못됐다'고 지적하는 것은 오히려 커피라는 시장에서 소비자들을 이탈시키는 계기가 될 뿐이다.

04

아리차와
ECX

와인을 소재로 한 〈신의 물방울〉이라는 만화가 있다.

주인공의 아버지는 세계적인 소믈리에로, 자신이 일생 동안 마셔본 와인 중 가장 훌륭했던 와인 12가지를 암시하는 수수께끼를 유언으로 남긴다. 그러고는 두 아들에게 그 퀴즈를 풀게 하는데, 여기선 이 12가지의 와인을 '12사도'라는 이름으로 부른다.

어느 날 만화를 보다가 문득 '내 평생 기억될 만한 최고의 커피들로 이런 리스트를 만들어보면 어떨까?'라는 생각이 들었다. 그렇게 장난

삼아 적기 시작한 리스트의 첫 번째 커피는 2009년의 아리차^{Aricha}였다.

조셉 브로드스키^{Joseph Brodsky}의 첫 번째 나인티 플러스^{Ninety Plus} 커피, 아리차.

심심풀이로 끄적거렸던 몇 개의 커피 리스트를 보며 아직도 잊히지 않는 그 맛이 그리워져 어쩐지 코끝이 시큰해졌다. 2005년부터 개발되기 시작한 이 커피는 2008년 ECX^{The Ethiopian Commodity Exchange}(에티오피아 상품거래소)가 본격적으로 도입되면서 자취를 감췄다.

커피가 처음 발견된 곳인 에티오피아는 고지대에서 자라는 야생의 커피나무들이 화려한 향미의 커피를 생산하는 지역이다. 또한 에티오피아는 커피의 높은 산미와 강렬한 과일향^{Fruity}, 꽃향기^{flowery}로 수많은 커피 애호가를 양산하는 일종의 관문과도 같은 커피산지다.

하지만 이제 막 커피 애호가의 길에 접어든 사람들에게 열렬한 사랑을 받는 것과 대조적으로, 커피를 유통하는 전문가들에게 더없는 골칫거리인 산지 또한 에티오피아다.

대농을 기반으로 일정한 품종과 가공방식이 커피의 품질을 보장하는 브라질이나 여타 중미 국가와 달리 아프리카는 소규모 농장에서 생산한 커피를 정부 차원에서 취합하여 상품화하곤 한다. 상황이 이렇다 보니 커피자루에 들어있는 커피는 모두 제각각이고, 품질도 균일하지 못하다.

조섭은 이러한 문제를 해결하고자 에티오피아로 향했던 사람들 중한 명이었다. 그는 계약 당시의 생두 샘플과 실제로 배송된 커피가 도저히 같은 상품이라고는 보기 어려울 정도로 큰 품질 차이가 있는 것을 경험했고, 이를 개선할 수 있는 방법은 농부들을 교육시키는 것이라고 생각했다. 그리고 그 취지에 동참한 것이 에티오피아 아리차 지역을 포함한 아프리카의 작은 커피 농장들이었다.

이들은 먼저 농부들에게 올바른 커피 수확법과 가공법을 가르쳤다. 커피체리는 완숙되면 색깔이 붉게 변하고, 그렇지 않은 경우엔 녹색이나 노란색 빛을 띤다. 덜 익은 커피체리는 당이 충분히 생성되지 않아 단맛이 부족하고 자극적인 신맛과 떫은맛을 내기 때문에 결과적으로 음료의 품질을 떨어뜨린다. 때문에 생두의 등급을 나눌 때도 임매추어immature*, 플로터floater*, 퀘이커quaker* 등 다양한 이름의 결점두로 구분한다. 하지만 이러한 결점두는 육안으로 구별하기가 힘들기 때문에 애초에 수확을 할 때부터 빨갛게 잘 익은 커피체리를 선별하는 것이 결점두를 줄일 수 있는 가장 효율적인 방법이다. 그런데 문제는 커피체리를 수확하는 농부 스스로가 그 필요성을 전혀 느끼지 못한다는 데 있다.

---

* 임매추어immature 충분히 익지 않은 커피체리의 생두.
* 플로터floater 덜 익은 커피체리의 생두 중 물에 뜨는 것.
* 퀘이커quaker 미숙한 커피체리의 생두를 로스팅했을 때 생기는 밝은 빛깔의 원두.

농장에서 커피체리를 수확하는 사람을 피커^{picker}라고 하는데, 이들은 수확한 커피체리의 부피나 무게에 따라 임금을 받는다. 쉽게 말해 열매를 많이 따면 딸수록 더 많은 돈을 번다는 얘기다. 그러다보니 종종 덜 익은 체리까지 수확하곤 하는데, 이로 인해 커피의 품질이 떨어지고 불균형해진다.

물론 에티오피아가 아닌 다른 국가에서도 이 점은 크게 다르지 않다. 하지만 에티오피아를 포함해 대부분의 아프리카 국가들은 낮은 생활수준 때문에 커피 품질의 불균형이 더 큰 문제가 됐다. 그래서 한때 스페셜티 커피업계 종사자들은 커피 품질이 좋은 농장에서 소량을 직거래로 구매하곤 했지만 이 역시도 거래사고로 이어지는 일이 잦았다. 오죽하면 이런 식으로 커피를 찾아다니는 사람들을 일컫는 커피헌터 coffee hunter나 코요테koyote*라는 말까지 생겼을까.

이러한 에티오피아 커피의 구조적인 약점을 극복하기 위해 조셉은 수확한 커피체리의 품질에 따라 보수를 차등 지급하는 방식을 택했다. 완전히 무르익은 커피체리를 수확한 이들에게 인센티브를 지불한 것이다. 그는 커피라는 음료를 경험해보지 못한 피커들에게 완숙한 커피체리의 아름다움 대신 '빨갛게 잘 익은 열매를 따면 돈을 더 많이 번다'

---

* 코요테koyote 농부들로부터 커피를 헐값에 사들여 개인이나 유통업자들에게 팔아넘기는 중간 구매자를 비하해서 부르는 말.

는 것을 가르쳤다. 그것은 훨씬 효과적이고 이해하기 쉬운 설명이었다.

조셉은 또 농장을 여러 개의 작은 구획으로 나눠 다양한 경작법과 가공법을 시도했고, 물이 부족한 아프리카에서 일조량과 건조방식 등을 조절하며 높은 품질의 내추럴 프로세싱 커피를 생산해냈다.

그의 꾸준한 노력이 있은 지 3년째인 2007년, 이 커피는 전 세계 내로라하는 커피인들의 SNS에 오르내리며 유명세를 떨쳤고, 비현실적일 정도로 생생한 베리 향미berry와 강한 단맛이 함께 거론되곤 했다.

당연히 당시의 다른 아프리카 커피와는 비교도 안될 만큼 비싼 가격에 팔려나갔고, 마침내 2009년에는 세계 최고의 커피를 뽑는 'SCAA Best Coffee of the Year'에서 당당히 3위에 이름을 올렸다. 공식적으로 기록된 Aricha #14*의 커핑 점수는 87.03점이었지만 몇몇 커피 관련 웹사이트에서는 98점이니 99점이니 하는 기록적인 점수가 회자되곤 했다.

그렇게 아리차가 눈부신 활약을 펼치며 황금기를 누린 것도 잠시, 조셉의 홈페이지에는 이런 내용의 글이 게시되었다.

'에티오피아 정부는 더 이상의 다이렉트 트레이드direct trade를 인정하지 않

---

* Aricha #14 농장을 여러 구획으로 나눠 경작하는 방식을 마이크로 랏micro lot이라고 하며, 이때 구획lot은 번호를 매겨 구분한다.

을 것이며, 현재 남아있는 커피를 일주일 내로 처분하지 못하면 정부가 강
제로 구매하게 된다.'

이 글은 인터넷을 통해 삽시간에 퍼져나갔고, 그때까지만 해도 대
중적으로 잘 알려지지 않았던 ECX는 아리차와 함께 사람들의 입방아
에 오르내렸다. 커피 전문가와 저널리스트들은 아리차를 비롯한 유명
스페셜티 커피들의 비보를 전하며 'ECX는 시대를 역행하는 제도'라며
신랄하게 비판하기까지 했다. 그러나 누구도 그 흐름을 막지 못했고,
그 후로 2009년의 아리차는 더 이상 만날 수 없게 되었다.

우연찮게도 이 사건이 터지기 전, 국내의 한 생두업체가 아리차를
유통했다. 마침 그때는 한창 큐 그레이더 시험공부와 커핑에 빠져있던
시기였기 때문에 나는 논란이 된 이 커피를 마음껏 맛볼 수 있었다. 게
다가 이듬해에는 해당 생두업체에서 일하게 된 까닭에 아리차 열풍의
8할쯤은 생생하게 경험했다고 해도 과언이 아니다.

마지막 남은 커피자루를 뜯을 때의 그 서운함이란. 처음 판매를 시
작하고 나서 일 년 정도 지난 후에 개봉한 커피라 조금은 나이가 들어
힘이 빠진 듯 향이 많이 약해졌지만, 그럼에도 그 해의 아리차는 마지
막까지도 아름답고 매력적이었다.

이 커피를 개발한 조셉 브로드스키는 '80점 이상의 스페셜티 커피보다 더 점수가 높은, 90점 이상의 커피'라는 의미로 나인티 플러스라는 커피회사를 운영하고 있다.

그는 아리차의 차기작인 네키세Nekisse와 생산자들의 이름을 딴 커피인 메이커 시리즈Maker Series 등 매년 수많은 커피를 생산해내고 있지만 나는 개인적으로 그 어떤 것도 2009년의 아리차만큼 큰 감동을 주진 못했다고 생각한다.

커피가 와인보다 매력적인 것은, 오로지 한 철에만 최고의 빛을 발하고 사라지기 때문인 것 같다. 그래서 아쉬운 만큼, 또 매력적이다. 만약 내가 시간을 되돌려 단 한 잔의 커피를 다시 마실 수 있다면 나는 망설임 없이 2009년의 아리차를 고를 것이다.

05

하와이에서
만난
코나 커피

흔히 '커피산지' 하면 떠오르는 이미지가 있다. 가난한 아이들이 가까스로 광주리를 이고 고사리만한 손으로 커피체리를 따는 광경, 혹은 끝도 없이 펼쳐진 커피나무 숲을 훑고 지나는 거대한 수확기계의 모습. 그도 아니면 드높은 산자락의 우거진 수풀과 희뿌연 안개 사이로 자라는 야생의 커피나무가 한 폭의 풍경화처럼 펼쳐지곤 한다.

하지만 하와이는 이러한 고정관념을 말끔히 지워준 곳이었다.

하와이는 커피산지 중 유일하게 미국령에 위치해 있다. 그만큼 하

와이의 농부들은 비싼 임대료와 인건비로 농사를 지어야 한다. 많은 비용을 투자하는 만큼 완성품은 상품 가치가 높은 고품질의 커피가 아니면 안 되었고, 그들은 자연스럽게 기술 집약적인 생산을 하게 되었다.

그중에서도 작은 규모의 농장들이 밀집돼 있는 코나^{Kona}에서는 보통 산지에서 볼 수 없는 색다른 커피 생산과정을 경험할 수 있었다. 코나를 방문했던 것은 2011년 10월. 석사과정을 밟고 있던 대학원과 하와이커피생산자협회^{Hawaii Coffee Grower Association, HCGA}의 산학협력이 계기가 되었다.

한국에서 호놀룰루까지 비행기로 12시간, 다시 경비행기를 타고 2시간을 이동한 다음 버스로 3시간을 더 달린 끝에야 겨우 코나의 커피 산지에 다다를 수 있었다.

앞서 말했듯이 코나의 첫인상은 일반적인 '커피산지들'과 사뭇 달랐다. 리조트들이 들어서 있는 넓고 평탄한 대지에 모래성을 쌓아올린 듯한 커다란 산이 눈에 들어왔다. 마치 도심 외곽의 여느 뒷산처럼 원만한 경사였지만, 산 중턱부터 드리워진 짙은 해무가 산의 높이를 가늠케 해줬다. 버스 운전사는 안개에 가려진 그 산 어딘가에 커피농장이 있다고 했다.

많은 사람들이 그렇듯이 나 또한 '하와이 커피=코나 커피'라는 생각을 가지고 있었다. 그도 그럴 것이 '하와이 코나 엑스트라 팬시^{Hawaii Kona}

Extra Fancy*'는 자메이카 블루 마운틴Jamaica Blue Mountain, 예멘 모카 마타리 Yemen Mocha Matari와 함께 '세계 3대 커피'로 손꼽히기 때문이다. 최근 게이 샤니 CoECup of Excellence(컵 오브 엑셀런스)니 하는 새로운 커피의 유행이 불고 있지만 아직까지도 많은 사람들이 세계 3대 커피로, 하와이를 대표하는 커피산지로 코나를 이야기한다.

하와이 방문 일정 중에는 코나 커피 외에 다양한 커피를 만날 수 있는 기회가 있었다. 일정 중 방문했던 한 농장은 일본 기업이 소유한 곳이었는데, 35에이커acre에 이르는 면적에 1만 5천여 그루의 커피나무가 자라고 있었다. 코나의 다른 농장과 견주어 봐도 결코 작지 않은 규모였다. 이곳에서 코나를 포함해 카우Kau, 마우이Maui, 카우아이Kauai, 모로카이Molokai, 오하우Ohau 등 하와이 여러 지역의 커피를 맛볼 수 있었다.

하와이에는 코나 커피밖에 없는 줄 알았던 생각을 고쳐준 곳이 바로 그 농장이었다. 각각의 커피는 같은 나라에서 생산됐다는 게 믿어지지 않을 만큼 저마다 다른 특성을 보였다. 그중 카우아이는 일 년 생산량이 400만 파운드(약 1,814킬로그램)에 달하는 대농 중심의 산지로, 그곳의 커피는 모나지 않은 적절한 밸런스를 지니고 있었다.

당시 테이블을 구성했던 코디네이터*는 모로카이의 커피를 추천했

※ 하와이 코나 엑스트라 팬시Hawaii Kona Extra Fancy 하와이 코나 커피의 등급 중 가장 높은 것.

※ 코디네이터 농장에서 커피 품종이나 가공을 관리하는 사람들. 농장의 생두를 상품화하는 사람들을 일컫는 용어로 쓰인다.

는데, 이는 '매콤하다'는 표현이 어울릴 만큼 스파이시spicy한 매력이 돋보였다.

이를 살짝 중화시킨 듯한 카우의 커피는 내가 이제껏 경험해본 커피들 중에 향신료 향이 가장 풍부했다. 묵직한 바디body와 진한 단맛, 여기에 시나몬, 정향clove, 카다몬cadamon 향미가 남성적인 느낌이었다. 코디네이터의 설명에 따르면 카우의 척박한 토양이 이러한 성질을 만들어낸다고 한다. 언젠가 이 커피를 따로 구해 체즈베cezve*로 만들어 마신 적이 있었는데, 무슨 향신료를 첨가한 것처럼 커피 자체만으로도 더할 나위 없이 복합적인 향미와 진한 단맛이 났던 기억이 있다.

한편 이들과 상반되는 마우이의 모카Mocha* 커피는 선명한 얼그레이와 머스캣 향muscat이 가볍고 여성스럽게 느껴졌다.

이렇듯 개성이 뚜렷한 다른 지역의 커피에 비해 코나 커피는 적당한 단맛에 정도를 넘지 않는 신맛과 쓴맛이 단조롭게 여겨질 만큼 평범한 느낌이었다. 하지만 코나 커피는 사실 조금만 파헤쳐 보면 오묘하게 독특하고 균형 잡힌 커피라는 것을 알 수 있다.

코나 커피의 생산 고도는 해발 1,000미터도 채 되지 않으며, 높게는 해발 2,000미터까지 분포된 중미의 산지에 비해 턱없이 지대가 낮다.

본래 고지대에서 생산된 커피는 낮은 기온과 큰 일교차, 적은 일조량으로 인해 커피체리의 성장 속도가 느려지면서 향미 성분의 밀도가 높아진다. 반대로 저지대의 커피체리는 상대적으로 높은 기온과 긴 일조 시간의 영향으로 빠르게 성장하고 향미 성분의 밀도는 낮다. 게다가 병충해의 위험이 크다 보니 일종의 방어 기제로 카페인이 발달하여 쓴맛이 강하다. 이것이 커피의 생산 고도에 대한 일반적인 상식이다.

하지만 하와이는 '섬'이라는 특수한 환경이 저지대 커피의 한계를 상쇄시킨다. 한낮의 뜨거운 햇볕이 해수면을 데우면 이내 해무가 피

※ 체즈베Cezve 터키쉬 커피를 만들 때 사용하는 도구. 동으로 된 잔에 긴 손잡이가 달려있는 형태를 하고 있다.
※ 모카Mocha 크기가 아주 작고 모양이 동그란 아라비카 재래종.

어올라 햇볕을 가리고, 강한 바닷바람은 뜨겁게 달궈진 커피체리의 표면을 식혀준다. 주기적으로 내리는 비도 언제나 일정한 수확량을 거둘 수 있게 돕는다.

그럼에도 따뜻한 기온 때문에 병충해에 걸릴 위험은 여전히 크다. 온난한 기후의 저지대 산지들, 대표적으로 인도네시아는 대개 병충해에 강한 품종을 사용한다. 하지만 코나에서 생산되는 커피는 대부분 과테말라를 거쳐 들어온 티피카ypica 품종으로, 병충해에 취약하기 때문에 이곳의 기후에 맞게 개량하지 않으면 안 되었다.

그래서 병충해에 저항력이 센 품종의 뿌리와 티피카의 줄기를 접붙여 코나의 기후에 맞는 새로운 품종을 만들어내기도 했다. 실제로 나는 어느 농장에서 두 종의 커피나무의 뿌리와 줄기를 일일이 손으로 접붙여 묘목을 만드는 기막힌 광경을 목격하기도 했다.

이렇듯 다양한 재배 기술은 HCGA를 통해 영세농장들과 교류하며, 하와이 코나 주립대에서는 커피에 대한 연구결과를 농가에 전달하기도 한다. 말하자면 코나 커피는 독특한 지형에 집착에 가까운 기술개발의 노력이 더해져 빚어낸 작품인 셈이다.

그렇게 한정된 지역에서 자란 일정 수준 이상의 품질을 지닌 커피에만 '코나 커피Kona coffee'라는 인증이 부여된다. 다만 모든 소비자들이 코나 커피의 가격을 받아들일 수는 없기 때문에 'Kona 70%'나 'Kona

40%'와 같이 함유량을 기록하거나 다른 지역의 커피와 블랜딩하기도 한다. 그것이 지금의 코나 커피고, 그 향미를 온전히 즐기고 싶은 사람은 흔쾌히 높은 가격을 지불한다.

또한 코나에서는 생두가 온난 다습한 기후로 인해 가공과정에서 손상되는 것을 최소화하기 위해 주로 건조 시간이 짧은 워시드 프로세싱을 사용한다. 덕분에 커피의 향미 특성이 보다 선명하게 드러나며 이러한 다양한 요인이 코나 커피의 절묘한 균형감을 만들어낸다. 티피카의 섬세한 향미와 절제된 쓴맛, 온난한 기후에 의한 낮은 산미와 높은 당도가 바로 그것이다.

이처럼 코나 커피는 커피 긱coffee geek*을 매료시키는 강렬한 향기와 산미는 없지만 나름의 매력으로 폭넓게 사랑받고 있다. 그리고 그 '나름의 매력'이 코나 커피의 높은 가격을 뒷받침할 만큼 설득력이 있는지 없는지는 언성을 높여 따질 필요가 없다.

※ 커피 긱coffee geek 매우 열정적인 커피인을 부르는 말.

06

커핑시트와
스파이더
다이어그램

커핑시트는 커핑 결과를 다른 사람들과 공유하는 수단이다.

커핑을 하고 난 후에 나누는 대화는 대개 주관적이고 명확한 기준이 없으며 향미 프로파일로 정리하기도 어렵다. 그래서 사람들은 공통된 용어와 척도를 이용해 만든 이 양식을 쓴다.

사람들에게 가장 잘 알려진 커핑시트를 꼽는다면 단연 SCAA^{Specialty Coffee Association of America}(미국스페셜티커피협회)의 커핑시트일 것이다. 국내의 커핑 교육이 이 양식을 배우는 것에서 시작하기 때문이라고 생각할 수 있지만 애당초 커핑이라는 개념을 정립한 곳이 이 기관인 것도 큰 이유다. SCAA의 커핑시트와 평가 기준은 실제로 커피산지나 유통업자들 사이에서 제일 많이 사용되는 양식 중 하나다.

한국에서도 참 많은 사람들이 이 양식을 바탕으로 커핑을 배우는 데, 개인적으로 그들에게 묻고 싶은 두 가지 질문이 있다.

첫 번째는 그들 중 카페나 로스터리 같은 사업장을 운영하는 사람 이 있다면 '이 시트를 사용해 꾸준히 품질 관리를 하는지'고, 두 번째는 '만약 사용한다면 자신 이외에 누구든 그 자료를 공유하는 사람이 있 는지'다.

지금껏 수천 명의 사람들을 가르치고, 또 셀 수 없이 많은 커피인들 을 만났지만, 난 아직까지도 이 두 가지 질문에 모두 'Yes'라고 대답할 수 있는 사람을 별로 본 적이 없다.

사실 SCAA 커핑시트는 CoE$^{Cup of Excellence}$(컵 오브 엑셀런스) 커핑시트와 더불어 생두 평가에 더없이 훌륭한 양식이다. 커핑 결과가 일정 점수를 넘으면 스페셜티나 CoE 같은 명칭을 붙여 '좋은 커피'임을 간단하게 알 수 있다. 물론 실제 등급을 나누기 위해선 상당한 훈련이 필요하지만, 그렇지 않은 사람도 최소한 자기만의 기준으로 생두의 향미 특성을 세 분화해 평가할 수 있다. 매길 수 있는 점수의 폭이 넓기 때문에 커피의 여러 특성을 두루 평가하여 품질이 높고 낮음을 객관적으로 비교할 수

있다는 것도 큰 장점이다.

하지만 이런 생각을 해본 적이 있는가?

만약 세계 시장에서 중요시되는 커피의 액시디티acidity*나 클린컵 clean cup 같은 특성이 내 사업과 전혀 관계없는 것이라면? 혹은 내가 하고 있는 일이 동일한 생두를 가지고 어떻게 로스팅했는지 자세히 살펴보는 것이나 일반 소비자들의 커피 선호도를 파악하는 것이라면?

과연 그때도 우리는 SCAA와 CoE 커핑시트를 효과적으로 활용할 수 있을까?

커핑을 포함해 모든 관능평가*의 양식은 해당 평가를 통해 얻고자하는 자료를 그 척도로 삼는다. SCAA와 CoE의 커핑시트는 커핑이라는 특수한 방식으로 생두의 가치를 평가하는 양식이다. 때문에 이들이 공통적인 척도로 삼는 것이 플레이버flavor*라든가 액시디티라든가 하는 생두의 값어치와 직결되는 항목들이다.

얼핏 보기에는 비슷하지만 각각의 커핑시트에서만 평가하는 항목들도 있다. 클린컵과 스위트니스sweetness에 점수를 매기는 CoE 커핑시

※ 액시디티acidity 커피가 지닌 긍정적인 산미.
※ 관능평가 사람의 감각을 이용해 평가하는 방법.
※ 플레이버flavor 입안에서 느껴지는 향과 맛.

트와 다르게, SCAA 커핑시트는 그 항목에 문제가 있는지 없는지만 확인한다.

또한 SCAA 커핑시트에는 바디^{body}라고 해서, 커피를 마셨을 때 입안에 느껴지는 중량감과 촉감을 평가하는 항목이 있지만, CoE 커핑시트는 중량감을 제외하고 촉감의 부드러운 정도인 마우스필^{mouthfeel}만 평가한다. 평가 환경과 각각이 목표로 하는 이상적인 커피의 특성이 다르기 때문에 평가의 지표도 달라지는 것이다.

애당초 왜 우리가 커피의 품질 평가에 커핑이라는 방법을 사용하는지 의문을 제기해 본 적은 없는가? 사실 커핑은 커피의 특성을 알아보는 무수히 많은 수단 중 하나일 뿐이다. 핸드드립이나 에어로프레스, 또는 모카포트와 마찬가지로 추출방식의 일종인 것이다. 커핑만큼 기준이 정확한 추출방식이 없다고? 천만의 말씀이다. 에스프레소를 비롯한 모든 추출법에는 나름의 프로토콜^{protocol}과 까다로운 평가 기준이 있다. 심지어 에스프레소 추출법과 평가 기준은 책으로 엮을 수 있을 만큼 길고 까다로운 내용으로 되어 있다. 커핑 이외의 다른 방법이 원리 원칙도 없는 무법천지라서 품질 평가에 쓰지 않는 게 아니다. 게다가 '맛을 본다'는 목적 하나만 두고 본다면 한 번 추출하는 데 시간이 30초밖에 걸리지 않는 에스프레소에 비해 1시간 가량이 소요되는 커핑은 무척이나 비효율적인 방법이다. 다만 사람들이 커핑을 더 선호하는 이유는 커피의 향미를 좀 더 광범위한 시각에서 볼 수 있고, 매회 발생하는 편차를 최소화할 수 있기 때문이다. 편차를 최소화한다는 것과 품질을 정확히 평가할 수 있다는 것은 전혀 다른 개념이다. 예를 들어 에스프레소용 커피의 품질을 정확히 평가하려면 샘플 로스팅한 원두를 커핑하는 것보다 실제 적용할 배전도로 볶은 원두를 에스프레소로 추출해 평가하는 편이 더 정확하다. 하지만 이러한 방식은 결과물이 매번 똑같지 않기 때문에 자료로서의 객관성이 떨어지고, 다른 사람과 공유하기에도 어렵다.

결국 커핑의 최대 장점인 '균일성'이라고 하는 것은 자료로 만들기가 용이하다는 뜻이고, 그렇게 때문에 커핑시트가 필요한 것이다. 기록으로 남지 않은 평가 결과가 어떻게 자료로서 가치를 지닐 수 있겠는가? 다만 커핑시트를 사용할 때는 자신이 다루는 커피가 어떤 특성을 지니고 있는지, 혹은 어떤 특성을 지녀야 하는지를 먼저 생각해야 한다. 그것이 커핑시트의 평가지표가 되기 때문이다. 만약 강배전된 초콜릿 향미chocolaty의 커피를 판매하고 있다면 그런 특징이, 약배전된 과일 향미fruity의 커피를 판매하고 있다면 그런 특징이 제대로 발현됐는지를 확인해야 한다. 그리고 당연히 평가 양식도 이러한 특징을 척도로 삼아야 한다. 또한 단순히 커피의 향미뿐만 아니라 생산라인 중 어떤 위치에서 일하는지에 따라서도 양식의 내용은 달라지기 마련이다.

로스터라면 로스팅 상태를, 바리스타라면 추출 상태를 볼 수 있어야 한다. 모두가 생두의 등급 평가에 최적화된 SCAA나 CoE 양식을 사용하는 건, 항공사의 체크리스트를 선박회사에서 그대로 사용하는 것과 다를 바 없다.

평가 결과를 보여주는 방식도 다양하게 조절할 수 있다. SCAA와 CoE의 커핑시트는 가로세로 축과 서술형 향미 표현을 사용한다. 하지만 이것은 사실 일반 소비자들이 보기에는 가독성이 떨어진다. 이럴 때 커핑 결과를 전혀 다른 방법으로 보여줄 수도 있는데, 그 대표적인 예가 과테말라 아나카페Anacafe의 방사형 그래프인 스파이더 다이어그램spider diagram이다. 아나카페는 과테말라의 대표적인 커피산지를 크게 8개 구역으로 나누고 지역별 커피로 특화시켰다. 또한 각 커피에 상징적인 색깔을 부여하여 독립된 이미지를 만들고, 그 특성을 프래그런스fragrance* 부터 아로마aroma*, 플레이버, 액시디티, 밸런스balance, 바디, 그리고 애프터 테이스트after taste*까지 총 7가지 항목으로 나눠 스파이더 다이어그램으로 표현했다. 이 방사형 그래프는 평가 단계에서의 전문성은 그대로지만 일반인들에게는 훨씬 익숙하게 다가온다. 국내에도 이따금 '별

---

* 프래그런스fragrance 분쇄된 원두에서 나타나는 향.
* 아로마aroma 따뜻하게 젖은 커피가루에서 나타나는 향.
* 애프터 테이스트after taste 커피를 마시거나 뱉은 다음 입안에 남는 후미.

이 몇 개 반'이라는 식으로 맛을 표현하는 경우가 있는데, 자칫 장난처럼 보일 수도, 마케팅의 일환으로 느껴질 수도 있지만 생각을 달리 해보면 이 역시도 엄연한 평가 양식이다.

커핑에서 가장 중요하게 생각해야 할 것은 '커핑을 통해 얻으려는 결과가 무엇이고, 이를 어떻게 활용할 것인지'다. 커핑을 하기 전에는 자신이 놓인 상황과 궁극적으로 얻고자 하는 커피가 무엇인지를 생각해보자. 커핑시트는 그것을 담아내는 그릇으로서 언제나 반복할 수 있는 형태여야 하고, 그 결과는 전달 가능한 것이어야 한다. 이러한 것들이 이루어졌을 때 비로소 커핑은 의미 있는 행위가 된다.

과테말라
여덟 개 지역의 커피

아나카페Anacafe는 과테말라국립커피협회Guatemala National Coffee Association의 또 다른 명칭으로, 과테말라 내 9만여 곳에 달하는 커피농가들을 대표하는 단체다. 1960년 설립 이후 과테말라의 지형과 환경이 커피에 미치는 영향을 연구해 왔으며, 과테말라 전역을 8개로 나눠 관리하고 있다.
아카테낭고 밸리Acatenango Valley, 안티구아Antigua, 트레디셔널 아티틀란Traditional Atitlan, 레인포레스트 코반Rainforest Coban, 후라이하네스 플라토Fraijanes Plateau, 하이랜드 우에우에Highland Huehue, 뉴 오리엔테New Oriente, 그리고 볼카닉 산마르코스Volcanic San Marcos가 그것이며, 지역마다 빨강색, 주황색, 노란색, 초록색, 파란색, 남색, 보라색, 검정색으로 메인 컬러를 정해 독립된 브랜드로 상품화했다. 각 지역은 재배 고도부터 강수량, 기온, 습도, 수확시기, 토질, 품종, 가공법, 심지어 셰이드 트리shade tree(커피나무를 강한 햇볕과 바람으로부터 보호하기 위해 주변에 심는 키가 큰 나무. 방풍림의 기능 외에 토양에 영양을 주거나 벌레를 쫓는 역할도 한다)의 종류까지 전부 다르다. 아나카페는 지역별로 세분화된 데이터를 체계적으로 구축하는 작업을 하고 있으며, 각 지역의 커피가 지닌 향미 특성을 보기 좋게 그래프로 정리하고, 친절한 설명을 더해 전문가뿐 아니라 일반 소비자들도 쉽게 이해할 수 있게 했다. 이 자료는 세계 각국의 커피행사에서 번역된 소책자로 제공되는가 하면 인터넷(http://anacafe.org)으로도 자유롭게 열람할 수 있다.

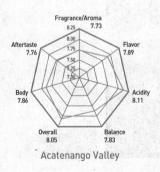

Acatenango Valley

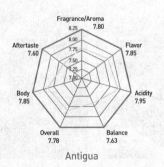

Antigua

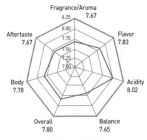

Traditional Atitlan

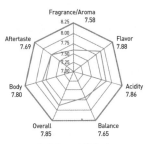

Rainforest Coban

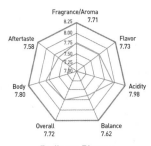

Fraijanes Plateau

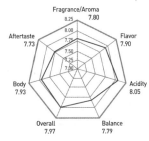

Highland Huehue

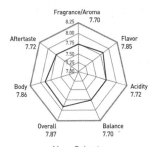

New Oriente

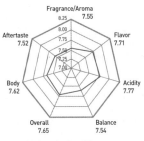

Volcanic San Marcos

07

소비국의 커퍼와
생산국의 커퍼

———

커퍼란 직업적으로 커핑을 하는 사람을 말한다.

흔히들 커퍼는 커핑을 하고 커피의 등급을 정하는 직업이라고 생각하지만, 사실 생산국의 커퍼와 소비국의 커퍼가 하는 일은 성격이 매우 다르다. 보통 소비국의 커퍼가 찾는 생두는 '커피'라는 최종 제품을 만들기 위한 재료일 때가 많다. 한편 산지에서는 생두가 그 자체로 상품이기 때문에 커핑은 '마음에 드는 커피'나 '재료로 쓸 만한 커피'를 찾는 일이 아니라 커피의 결격 사항을 점검하여 생두의 등급이나 값어치를 매기는 일이 된다. 그래서 커핑을 '커피의 등급을 나누는 일'이라고 하는 것은

산지의 입장에 가까운 개념이라고 볼 수 있다. 이러한 개념으로 커핑과 커퍼를 규정한다면 소비국에서 커핑을 하는 사람은 엄밀히 말해 '커퍼'가 아닌, '바이어buyer'나 'Q/CQuality Control(품질관리자)'로 부르는 것이 맞다.

생산국의 커퍼들은 정제되지 않은, 그야말로 '날것'에 가까운 생두 샘플들과 마주한다. 상상도 못할 최악의 커피부터 최고의 커피까지 모두 경험하고, 그 등급을 나눈다. 각 산지의 기준에 의해 국경을 건너지 못한 낮은 등급의 샘플들은, 특수한 루트를 통해 대규모로 거래되는 것을 제외하고는, 소비국의 일반 커퍼들에게 전달되기가 어렵다. 반대로 아주 높은 등급의 샘플들은, 지극히 극소량만이 경쟁을 거쳐 소수의 업체들에게 돌아간다. 말하자면 대부분의 소비국 커퍼들은 이미 한번 '생산국 커퍼'와 '시장 경쟁'이라는 필터로 걸러진 생두를 경험하는 셈이다. 물론 생두의 등급과 값어치도 이미 정해져 있는 상태다.

산지의 커퍼들이 하는 역할은 생두의 품질을 감시하는 것이다. 통상적으로 규모가 큰 농장은 토양학자나 전속 커퍼가 직접 그 품질을 관리하고, 일부 농장들은 보다 뛰어난 지식과 경력을 지닌 커퍼들에게 외주로 품질 관리를 맡기기도 한다. 실제로 내가 가봤던 몇몇 농장들 중에는 '우리 커피는 어느 유명한 커퍼로부터 몇 점을 받았다'거나 '어느 유명한 커퍼에게 생두 전체를 평가받고 있다'며 평가서를 보여주는 곳들도 있었다. 그리고 여기서 말하는 '유명한 커퍼'는 대개 자신이 관리했던 농장을 'CoE^{Cup of Excellence}(컵 오브 엑셀런스) 커피'라는 스타덤에 올려 놓았거나 그에 준하는 성과를 낸 사람들이다.

그보다 조금 더 일반적인 경우라면 생두 수출업자나 코디네이터, 혹은 지역 단체로부터 관리받는 것을 들 수 있다. 농장이 자체적으로 커피를 판매하기에는 많은 어려움이 따르기 때문에 이러한 중개기관의 도움을 받는다. 이들은 생두정보를 정리하여 판매로 연결하고, 검역이나 선적 등 무역 절차를 밟는 데 필요한 업무도 본다. 상품의 품질을 높이기 위해 새로운 품종과 기술을 전수하고, 문제가 발생하면 해결책을 제시하기도 한다.

브라질의 버지냐^{Varginha} 지역을 방문했을 때였다. 이 지역 커피 생산자들이 모여 만든 한 공동체의 사무실에 간 적이 있었는데, 그곳에서는 수천 개의 커피농가가 재배한 커피를 연간 7천만 킬로그램 가량 관리 감독한다고 했다. 농가에서 이곳의 연구소로 샘플을 보내면 연구소는 샘플에 관한 자료를 코드화해서 입력한다.

이때 만났던 어느 커퍼는 스페셜티 커피에 대한 열정으로 가득 찬 신입이었는데, 그는 소비국의 커피 소비성향에 대해 무척이나 관심이 많았고, 얼마 전에는 큐그레이더 자격증을 땄다며 수줍게 자기 소개를 했다. 그러고는 커피공부를 더 열심히 하고 싶은데, 최근에 수확기가

끝나서 '한 달에 2천 종 정도밖에' 커핑을 못한다며 아쉬워했다. '2천 종 정도밖에' 말이다. 그 규모를 감히 상상이나 할 수 있는가?

이러한 생산국의 커퍼들과 커핑 테이블을 공유하는 것은 더없이 즐거운 경험이다. 나는 커핑의 좋은 점이 내가 눈으로 보지 못한, 커피가 나고 자란 환경을 엿볼 수 있는 것이라고 생각한다. 고도가 높고 서늘한 곳에서 자란 커피는 다양하고 복합적인 향미를, 고도가 낮고 온난한 곳에서 자란 커피는 비교적 단순한 향미를 낸다. 충분히 숙성되지 않은 커피체리로 만든 커피에는 떫은맛과 나무 향woody이, 불결한 환경에서 가공된 커피에는 여지없이 까칠까칠한 흙냄새나 진흙냄새가 섞여

있다. 그렇게 커피가 내보이는 향미를 하나씩 따라가다 보면 마치 그림자 연극을 보듯 커피의 지난 여정을 조금은 짐작할 수 있을 것 같은 기분이 든다.

하지만 그것은 어디까지나 추론일 뿐이다. '일반적으로 이럴 때 이렇다'는 상식에 기반한 추리다. 그러나 이 게임을 혼자가 아니라, 생산자와 함께 할 때는 상식을 깨는 새로운 것을 볼 수 있다.

그들의 의도와 생산과정에 대해 듣고 각자의 생각과 느낌을 나누다 보면 서로 다른 산지에서의 경험과 소비국의 트렌드를 이야기하며 더 좋은 방향을 위해 머리를 맞댄다.

아주 드물긴 하지만 몇몇 바리스타들은 이런 식의 토론을 통해 새로운 커피를 생산하자는 결론에 다다르기도 한다. 그렇게까지 거창한 결심이 아니어도, 소비국과 생산국의 커퍼가 테이블을 공유하면 커핑은 단순히 커피의 맛을 보고 품질을 점검하는 일이 아닌, 새로운 가치를 만들어내는 일이 된다.

몇 년 전, 네팔의 소규모 농장에 기술과 설비를 지원하던 한 NGO의 주관으로 네팔의 커피 생산자들을 만난 적이 있었다. 이들을 만나게 된 건 국내의 한 사회적 기업을 통해서였는데, 네팔 현지의 조합으로부터 생두를 구매하여 생산자들에게 이윤이 투명하게 분배될 수 있도록 돕는 곳이었다. 이 회사가 처음 거래했던 네팔의 공동체는 굴미^{Gulmi} 지역의 작은 조합으로, 이제는 규모가 커져서 굴미 외에도 여러 지역의 조합을 지원하고 있으며, 주된 활동은 생산자 교육이라고 했다.

지역마다 차이가 있긴 하지만 굴미는 정식으로 가공법을 배운 생산자들이 적었다고 한다. 인근 지역에서 이러저러한 방식으로 가공한다는 얘길 듣고 어림잡아 재현하거나 감대로 새로운 방식을 만드는 경우도 있었다. 조합에 전문가가 있지만 인력이 부족해 교육에 어려움을 겪었고 어떤 생산자들은 그만의 오랜 방식을 고수하는 경향도 있었다. 당시 만남을 주관한 NGO는 소비국의 커피인들에게 피드백을 받아 이러한 문제를 풀어나가길 바라며 네팔의 생산자들과 한국의 커퍼 네 명을 한자리에 모았다.

현지에서 온 샘플들은 총 29종이었는데, 이중 결함이 있는 샘플들은 예외 없이 과발효fermented의 특징을 보였다. 네팔 현지의 커퍼들은 그것을 커피의 품질에 영향을 끼치는 결점으로 인식했지만 '과발효'나 '미성숙' 같은 이름으로 구분해서 부르진 않았고, 그들과 우리가 사용하는 명칭도 사뭇 달랐다. 우리는 한국 커퍼들이 느낀 '과발효'에 대해 대화를 나누던 중 이것이 일부 낙후된 지역의 공통적인 가공방식으로 인해 생긴 문제라는 것을 알게 됐다.

네팔에서는 커피체리를 가공할 때 기본적으로 워시드 프로세싱washed processing을 사용한다. 워시드 프로세싱의 필수 과정인 발효는 충분한 양의 산소를 필요로 하는데, 네팔의 영세한 생산자들은 발효탱크는 고사하고, 널찍한 대야조차 구하기 힘든 실정이라고 했다. 그래서 집에서 쓰는 장독 모양의 좁고 깊은 통 안에 커피체리를 담아 뚜껑을 덮고 발효시키거나, 최악에는 비닐에 커피체리를 꽁꽁 싸매놓기도 한다고 했다. 그날 우리가 골라낸 과발효 샘플은 하나같이 이러한 폐쇄된 환경에서 가공된 것이었다.

이밖에 전반적인 부분에 있어서는 희망적인 이야기가 오갔다. 오랫동안 공동체의 관리를 받은 지역의 커피가 그렇지 않은 커피보다 상대적으로 품질이 좋았고 향미도 긍정적이었기 때문이다. 우리는 공통적으로 긍정적인 향미라고 평가한 커피들의 재배환경에 관한 정보를 대조하고, 그 향미를 표현할 만한 적절한 용어를 수집하기도 했다.

이때 가장 흥미로웠던 커피는 새로운 경작법을 도입했던 한 젊은 농부의 커피였다. 그의 커피는 고전적인 워시드 프로세싱을 거친 다른 지역의 커피에 비해 놀랄 만큼 깨끗한 꽃floral과 감귤citrus 향미를 가지고 있었다. 당시 자리에 함께 있었던 몇몇 생산자들은 이를 소비국에서 긍정적으로 받아들일지 확신하지 못했다. 하지만 '최근의 스페셜티 커피 관점에서 보면 긍정적인 변화'라는 우리 소비국 커퍼들의 의견을 듣고 그들은 환한 얼굴을 하며 그 가공방식을 좀 더 시도해 봐야겠다고 말했다.

이처럼 사람들과 방안 가득 들어찬 커피를 맛보고 이야기하며 각자가 아는 정보를 대조해보는 일은, 단순히 커피가 '맛이 있다, 없다'만 따지는 반찬투정보다 훨씬 의미 있고 즐거운 일이다.

그리고 이러한 일이 가능한 이유는 소비국과 생산국의 '커피'가 서로 다른 역할을 하기 때문이다. 이들은 커피라는 동일한 대상을 각자의 시각과 언어로 다뤄왔으며, 커핑이라는 일의 가치와 필요성에도 차이가 있다. 생두 자체의 품질과 특성이 이윤과 직결되는 산지와, 생두라는 재료를 효율적으로 활용해야 하는 소비국 사이의 틈은 생각보다 크다. 그러다보니 서로 관심을 갖는 내용이 다르고 자연스럽게 의견차도 생기기 마련이다. 그러나 이것은 어디까지나 관심사의 차이일 뿐, 어느 한 쪽이 더 뛰어나거나 부족하다는 뜻은 아니다.

간혹 생산국과 소비국의 커퍼가 함께 커핑을 할 때 상대방의 배경을 무시하고, 가르쳐야 할 대상으로 여기는 사람들이 있는데 안타깝다. 지역 간의 문화와 견해 차이를 인정하고 다양한 관점에서 커피의 진가를 발견하는 일. 생산자와 함께 하는 커핑은 그러한 수단일 때 마침내 큰 의미를 지니게 된다.

르완다 커피의 발전에 큰 역할을 한 팀 쉴링^{Tim Schilling}은 그 공로를 인정받아 2010년 미국스페셜티커피협회^{Specialty Coffee Association of America,} ^{SCAA} 연례전시에서 Leadership Prize(커피업계에 공헌한 인물에게 수여하는 상)를 받았다. 나는 당시 그가 한 수상연설의 이 부분을 결코 잊지 못한다.

"커피는 절대 펜과 종이로 할 수 있는 것이 아니다. 여러분들이 커피를 하는 사람이라면 반드시 그 커피가 자라는 환경을 알아야 한다."

꽃향기나 과일향fruity 같은 단어나 커핑 점수만으로는 결코 온전히 커피를 말할 수 없다. 우리는 커피가 자라는 흙과 물, 공기가 어떤 것인지를 이해하고, 왜 그런 커피가 나올 수밖에 없었는지를 알아야 한다. 또 어째서 그 모든 것이 가능했는지, 자연적인 환경뿐만 아니라 인위적인 환경도 이해해야 한다. 그렇게 시선을 공유할 때 생산국과 소비국은 서로에게 '조금 더 나은' 커피를 만들 수 있다. 산지의 커핑은, 산지를 이야기하는 커핑은 그런 것이어야 한다.

08

밸런스?
캐릭터?

_____

    커핑을 하다 보면 늘 빛을 발하는 커피가 하나씩은 꼭 있다. 한 테이블 위에 올려진 커피들 간에 등급 차이가 큰 경우는 하나로 추려지지만 전체적으로 등급이 높거나 품질 차이가 크지 않을 때는 두세 개, 혹은 그 이상으로 늘어난다.

    "산미^{acidic}가 뛰어나고 꽃향기^{floral}와 과일향^{fruity}이 난무하는 커피와, 단맛^{sweetness}과 밸런스^{balance}가 좋고 견과류 향^{nutty}과 초콜릿 향^{chocolaty}이 어우러지는 커피가 있다고 가정해보자. 당신은 두 가지 커피 중 어떤 것을 더 선호할 것인가?"

아마도 이 질문을 받으면 많은 사람들이 '커피에서 꽃향기가 나면 병원에 가봐야지'라고 생각하겠지만 한 번이라도 커핑을 해본 적이 있는 사람이라면 그 말뜻을 이해할 것이다.

커핑이란 커피가 가진 다양한 향과 맛을 평가하는 일이다. 평소 커피를 마시는 것과는 다른 방법으로, 커피가루에 코를 들이밀어 '킁킁' 향기를 맡고, 여기에 물을 부어 커피가 추출되면 스푼으로 떠서 후룩후룩 소리를 내며 맛본다. 사뭇 평범하지만은 않은 이 커핑이라는 경험을 통해 보통 커피에서는 좀처럼 느끼기 힘든 다채로운 향과 맛을 느낄 수 있다. 커핑을 한 후 커피에 더욱 매료되어 직업을 전향하는 사람들도 적지 않다.

커피의 향미는 여러 가지 요소들로 이루어져 있다. 그중 커피가루에서 나는 향기인 프래그런스fragrance와 커피가루에 물을 부었을 때 나는 향기인 아로마aroma, 그리고 시중의 커피에서는 웬만해선 찾아보기 어려운 액시디티acidity가 커핑에서만 할 수 있는 독특하고 흥미로운 경험이다.

커피는 저마다 다른 특징을 지니고 있다. 어떤 것은 향이 뛰어나고 어떤 것은 맛이 뛰어나다. 향에서조차 어떤 것은 레몬lemon이나 라임lime 같은 감귤류의 향이 나는가 하면, 어떤 것은 시나몬cinnamon이나 후추pep-

^per 같은 향신료의 향이 난다. 하지만 드물게 이 모든 것을 아우르며 다채로운 향과 맛이 훌륭한 조화^well balanced를 이루고, 무게감과 질감마저 완벽한 커피가 등장하기도 한다.

그러나 아이러니하게도 언제나 다수의 커피 애호가들에게 선택받는 것은 균형감이 낮고 강렬한 향과 산미를 지닌 쪽이다.

개인적으로는 사람들의 커피취향이 이 '균형감'을 선호하는지 아닌지로 구분된다고 생각한다. 커피의 온갖 향미가 다 도드라지면 대부분의 사람들은 각각의 개성을 잘 느끼지 못한다. '이 커피는 모든 게 훌륭하다'가 아니라 '이 커피는 특별한 게 아무것도 없다'고 여기는 것이다. 식초를 물에 희석한 것이 식초와 설탕을 섞은 것보다 맛이 더 강하게 느껴지는 것과 비슷한 원리다.

자극적이고 특색 있는 커피를 원하는 사람은 이렇게 균형감이 한쪽으로 치우쳐진 커피를 더 좋아하는 편이다. 쓴맛이나 바디가 좋은 커피를 선호하는 사람들도 있긴 하지만 많은 커피 애호가들은 향이 강한, 그중에서도 과일이나 꽃처럼 향이 산뜻하고 가벼운 쪽을 택하곤 한다.

향기가 인상적인 커피로는 단연 게이샤^Geisha를 들 수 있다. 2004년 파나마^Panama의 라에스메랄다^La Esmeralda 농장에서 상품화에 성공한 이후 유행하기 시작해 2년간 커피업계의 스타로 군림했던 커피. '신의 얼굴

을 보여주는 커피'라는 찬사를 받으며 책 한 권의 주인공으로 등장하기까지 했던 커피.

게이샤는 에티오피아 재래종 커피로, 원래는 커피나무가 자생했던 숲의 이름을 따서 게샤Gecha라는 이름으로 불렸다. 게이샤 커피는 품종 특유의 살구 향apricot과 재스민 향jasmine을 가지고 있어 고무 향rubbery을 타고난 로부스타 커피에 비하면 그야말로 태생부터 축복받은 우월한 유전자의 커피다.

커피를 전문적으로 하는 많은 사람들이 '게이샤의 향기'에 열광하고, 어지간해서는 샘플의 정체를 알 수 없는 블라인드 커핑에서도 게이샤는 쉽게 찾아낸다. 나부터도 아직까진 그 어떤 품종도 향기에 있어서 만큼은 게이샤를 앞지르지 못한다고 생각한다.

이 꽃향기 만발한 커피가 업계에서 얼마나 사랑받는지를 단적으로 보여주는 에피소드가 있다. 언젠가 대회 심사를 하러 해외에 갔다가 다른 종목의 심사위원들과 이야기를 나눌 기회가 있었다. 내가 속한 종목 외에는 관심을 가질 틈이 없다 보니 다른 대회에서 일어난 해프닝을 듣는 것은 꽤 쏠쏠한 재미가 있다. 일반적인 추출기구를 사용하는 대회인 월드브루어스컵World Brewers Cup, WBrC의 한 심사위원에게 대회가 어땠느냐고 묻자 그가 이렇게 답했다.

"정말 흥미로운 대회였어. 참가 선수들이 품질이 조금 떨어지는 게이샤와 보통의 게이샤, 훌륭한 게이샤, 그리고 아주 훌륭한 게이샤를 들고 나왔거든!"

세계 각국을 대표하는 바리스타들이 짜 맞추기라도 한 듯 전부 게이샤를 준비해왔다는 사실. 넌센스 같지만 이만큼 게이샤 커피의 매력을 잘 설명할 방법이 또 있을까?
한국에서는 2009년 게이샤가 크게 인기를 얻어 커피회사들이 너나 할 것 없이 게이샤를 유통한 적도 있었다. 하다못해 자그마한 테이크

아웃 커피숍에서조차 메뉴판에 게이샤를 적어두었고, 게이샤의 명성을 들은 일반인들이 관심을 보이곤 했다. 한 잔에 2~5만 원을 호가하는 커피를 맛보겠다고 삼고초려를 하며 카페를 찾는 사람들도 있었다.

그런데 참 기묘하게도 그 많던 게이샤는 어느새 자취를 감춰버렸다. 게이샤를 필수 항목으로 구비하고 있었던 업체들마저도 예전만큼 열광하진 않는다. 이런 현상을 두고 어떤 이들은 대중이 고급커피를 몰라볼 정도로 수준이 낮다거나, 한국의 커피회사들이 투자를 안 하는 자린고비라고 불평한다.

그들은 높은 수준의 커피, 이른바 '고메 커피gourmet coffee'를 지향한다. 그러나 세상의 모든 커피가 오직 '희귀'하고 '수준 높은' 커피와 그렇지 않은 커피로만 나뉘는 것이 아니라면? 각각의 커피가 나름대로 희귀하고 뛰어난 특성을 가지고 있다면 어떻게 할 것인가.

커핑시트로 커피를 평가하는 사람들은 종종 커피가 주는 짜릿한 감흥에 사로잡혀 커피의 '안정감'이나 '편안함'을 홀대하곤 한다. 하지만 유식한 말로 '밸런스'라고 하는 것도 결국에는 이 안정감과 편안함을 표현하는 단어가 아닐까? 놀랍게도 커피교육을 전혀 받지 않은 일반 대중들은 허무할 만큼 간단하게 커피에서 이러한 특징을 찾곤 한다.

순수하게 직감에만 의존하기에는 커피의 평가요소가 너무 복잡하다. 때문에 커퍼들은 소비자들의 '기호'라는 지극히 '주관적'인 요소를 최대한 '객관적'으로 평가하기 위해 노력한다. 마음이 가는 것보다 혀와 코의 감각에 집중하고 이를 따르려 애쓴다. 커퍼들이 자극적인 향과 맛을 좋아하게 되는 것은 어쩌면 그런 과정 중에 어쩔 수 없이 생기는 관성 같은 것일지도 모르겠다.

최근 스페셜티 커피업계의 흐름은 캐릭터가 강한 커피에서 밸런스가 잡힌 안정적인 맛의 커피로 옮겨가고 있다. '균형감이 좋다'던가 '구조structure가 잘 잡혔다'는 식으로 좋은 커피를 표현하는 일이 늘어나고 있다. 그러다보니 좋은 산미가 좋은 커피의 필수 조건처럼 여겨졌던 예전과 다르게, 단맛이나 클린컵clean cup이 그 자리를 대체하고 있는 상황이다.

과연 그것이 점점 안정적인 맛의 커피를 찾는 사람들의 관성에 의한 것인지, 아니면 단순히 강한 산미가 주는 자극에 질린 사람들이 새로운 자극을 찾는 것인지는 아직 알 수 없다.

설령 이 유행이 지나고 새로운 유행이 온다고 해도 사람들은 또 다른 자극을 찾지 않을까? 그러면 시대를 아우르는 혜안을 지닌 이들은 그 다음을 예측하고 사람들이 원하는 새로운 자극을 딱 반 발자국 먼저 찾을 것이다.

09

과발효를
바라보는
문화적 차이

2011년 미국 휴스턴에서 열린 미국스페셜티커피협회Specialty Coffee As-sociation of America, SCAA 연례전시에서 특별한 강연에 참석한 적이 있다. 강연 제목은 '결점두 커핑defect cupping'. 커피에서 나타날 수 있는 다양한 결점 향미를 다루는 수업이었다. 나는 원래 이런 류의 경험을 매우 좋아하는 편이었는데, 주변에서는 농담처럼 결점두를 즐기는 요상한 취미를 가졌다고 할 정도였다.

눈으로 보고 골라낼 수 있는 시각적 결점visual defect과 달리 향미적 결점non-visual defect(비시각적 결점)은 맛과 향으로 나타나는 결점을 말한다. 이

향미적 결점은 맛으로 드러나기 전에는 육안으로 알 수 없는데다, 혹여나 그런 생두를 가지고 있는 커피회사가 있어도 대놓고 홍보를 하진 않기 때문에 표본 샘플을 구하는 것은 결코 녹록하지가 않다. 때문에 '여러 가지 문제가 있는 커피들'을 한데 모아 놓은 이 수업은 절대 놓칠 수 없는 기회였다.

교육은 흙내earthy와 페놀 향phenolic* 같은 대표적인 결점 향미를 맛보고 토론하는 방식으로 진행됐다. 일방적으로 '가르침을 받는' 자리가 아니라 전 세계에서 모인 커피인들이 서로의 경험과 의견을 공유하는 자리였기에 '커피 맛을 본다'는 것 이상으로 가치가 있었다. 그리고 이날의 화두는 역시 과발효fermented였다.

과발효는 커피체리의 과육이 상해서 생기는 결점인데, 그 원인이 다양하다. 커피체리는 조직이 섬세한 과일이라 쉽게 망가지고, 수확 후 몇 시간만 지나도 변질되기 시작한다. 어쩌다가 커피체리가 나무에 매달린 채로 너무 많이 익거나 수확시기를 놓쳐버리면 낙과가 되어 상하기도 한다. 워시드 프로세싱washed processing으로 가공할 때는 발효탱크가 청결하지 않거나 온도가 지나치게 높아서 문제가 될 수 있고, 또 내추럴 프로세싱natural processing을 할 때는 커피체리가 파티오patio에서 잘 말려지지 않아 과발효가 일어날 수 있다.

---

* 페놀 향phenolic 커피가 썩었을 때 나는 페놀 화합물의 향미로, 커피의 주요 결점 중 하나다.

이유야 여러 가지가 있겠지만 커피체리 자체가 단맛이 나는 붉은 과일이다 보니 기본적으로 과발효 향미는 과하게 숙성되거나 상한 과일의 맛에 가깝다. 이것을 긍정적으로 느끼는 사람들은 와인이나 푸룬^{prune}(말린 자두)에 빗대기도 하는데, 한국에서 들은 재밌는 표현 중에는 '상한 고구마 꼭지 맛'과 '청국장'이 있었다. 한 가지 흥미로운 것은 이 '결점'으로 분류되는 향미가 허니 프로세스$^{honey\ process}$로 가공된 커피의 커핑노트에서도 아주 흡사하게 나타난다는 점이다.

2009년을 전후로 허니 프로세스는 커피업계의 핫이슈였다. 2010년도 월드바리스타챔피언쉽$^{World\ Barista\ Championship,\ WBC}$ 우승자인 마이클 필립스$^{Michael\ Phillips}$의 대회 시연 때 허니 프로세스라는 이름이 등장하면서 가공자나 바이어들 외에 많은 커피 애호가들도 알게 됐다.

허니 프로세스는 점액질이 제거되지 않은 파치먼트를 물에 씻지 않고 오랜 시간 말려서 커피의 향미, 특히 단맛이 비약적으로 향상된다는 것이 장점이지만 한편으로는 점액질이 과발효될 위험도 있다.

과발효라는 리스크에도 불구하고 많은 농장들이 다양한 허니 프로세스를 시도했는데, 그 이유는 이렇게 가공된 커피가 기존의 내추럴이나 워시드 프로세싱 커피보다 일반적으로 좀 더 높은 가격에 판매되었기 때문이다. 하지만 모든 농장이 허니 프로세스를 처음부터 성공적으로 적용한 것은 아니었기 때문에 과발효 문제는 허니 프로세스와 함께 커피업계의 주요 관심사로 떠올랐다.

교육장에 모인 커피 전문가들은 너나 할 것 없이 자신의 경험담과 의견을 가득 펼쳐놓았다. 당시는 이제 막 허니 프로세스와 실험적인 마이크로 랏$^{micro\ lot}$*이 유행하기 시작할 무렵이었기 때문에 흥미로운 이야기들이 오갔다.

최근에 만난 놀랍도록 훌륭한 품질의 허니 프로세싱 커피와 그것을 따라서 가공했다가 실패하여 결국 과발효 커피를 만들게 된 어느 농장의 이야기 등.

언제나 그렇듯 이런 자리에서는 항상 '스페셜티 커피의 최신 흐름'을 따라가지 못하는 산지나 소비자들에 대한 얘기가 나온다. 일반 소비자들의 보수적인 성향과 무지한 생산자, 그리고 이를 바라보는 '커피하는 사람들'의 견해와 비전 말이다. 이것은 언뜻 커피에 대한 지식이 많은 사람과 그렇지 않은 사람의 능력 차이로 비춰질 수 있지만 실제로는 결코 그렇지 않다.

2013년 브라질에서 열린 CoE$^{Cup\ of\ Excellence}$(컵 오브 엑셀런스)에 참가했을 때 이를 방증하는 일이 있었다. 본격적인 심사가 시작되기 전, 평가기준을 정하는 칼리브레이션^{calibration} 때 90점대의 높은 점수와 60점대

---

* 마이크로 랏$^{micro\ lot}$ 커피농장을 여러 개의 작은 구역으로 나눠 다양한 가공법을 시도하는 재배방식.

의 낮은 점수를 동시에 받은 커피가 몇 있었다. 이 커피들은 하나같이 숙성된 과일향fruity과 짙은 단맛을 내고 있었는데, 높은 점수를 준 심사위원들은 커피의 복합적인 향미와 단맛을 칭송했고, 낮은 점수를 준 심사위원들은 이를 '문제가 있는 커피'라고 판단했다.

각국 최고의 커피를 선발하는 대회인 만큼 CoE에 출품된 커피들은 전 세계에서 초청된 30여 명의 커퍼들로부터 엄격한 심사를 받는다. 물론 이들은 커피업계에서 꾸준히 활동하고 있는 커퍼들이며, 세계 최고의 커피를 만나기 위해 생산국으로 향할 만큼 열정이 넘치고 트렌드에도 밝다. 이들이 마주하는 커피들 역시 국내 심사의 치열한 경쟁을 통과한 훌륭한 커피들이다. 그러나 이런 자리에서도 커퍼들은 조심스럽게 과발효라는 표현을 쓴다. 그런데도 과연 그것을 농부의 실력 부족으로 커피가 제대로 가공되지 않아서라거나, 트렌드에 둔한 커퍼가 긍정적인 향미와 부정적인 향미를 구분하지 못해서라고 말할 수 있을까?

2011년 멕시코에서 개최된 CoE 때는 이보다 더 극적인 상황이 일어났다. 국제 심사까지 모든 단계를 거쳐 'CoE 커피'라는 타이틀을 얻게 된 16개의 멕시코 커피 가운데 두 개가 경매 대상에서 제외되는 CoE 사상 초유의 사태가 벌어진 것이다. CoE 일정은 출전을 원하는 농장들로부터 샘플을 받는 것에서 시작되어, 육안상 결점이 없는 것들로 몇 차례 국내 심사를 한 다음 국제 심사로 넘어간다. 국제 심사 또한 무려 세

번에 걸쳐 진행되며, 결점두가 있는 컵이 단 하나라도 발견된 샘플은 가차없이 CoE 커피에서 제외된다.

그런데 이러한 긴 심사 기간 동안 아무런 문제없이 멕시코 최고의 커피 중 하나로 평가받았던 것들이 회원사들로 샘플을 배송한 후 여러 업체에게서 결점이 있다는 제보를 받은 것이다. CoE의 주관사인 ACE^{Alliance for Coffee Excellence} 측은 샘플을 취급하는 과정에서 발생한 문제라고 일축했지만, 마지막 돌을 던진 것은 결국 심사단과 회원사 커퍼들의 견해 차이였다.

커퍼들도 결국에는 각자가 살아온 문화권의 지배를 받는다는 얘기다. 아무리 칼리브레이션을 하고 이론적으로 납득한다고 해도, 새로운 유행은 문화로 자리 잡기 전까지 개인의 문화적 배경을 넘어서지 못한다. 때문에 CoE에서는 이러한 영향을 최소화하기 위해 한 국가나 지역 에서 오는 심사위원의 수를 제한하며, 심사위원단을 되도록 다양한 출신으로 구성해 문화적 차이를 줄이려고 노력한다. 이러한 노력이 커퍼들 간의 의견 차이를 좁힐 수 있을진 몰라도 일반 소비자들의 기호까지 반영하냐고 묻는다면 다소 회의적으로 답할 수밖에 없다. 대부분의 심사위원들이 지독한 커피 긱^{coffee geek}이기 때문에 평가도 업계의 최신 유행에 맞춰 이루어지기 마련이다. 이들의 평가 기준과 기호가 정말 업계와 대중의 커피취향을 고려한 것이냐고 묻는다면 그것만큼은 쉽게 대답할 수 없을 것이다. 사실 세계 커피시장의 트렌드라고 하는 스페셜티 커피도 아직까지는 극히 소수의 사람들만 좋아하는 문화이기 때문이다.

한편 과발효에 대한 산지의 태도는 매우 관대한 편이다. 산지에서 어떤 커피에 '결점이 있다'고 말하는 것은, 그 커피를 생산한 농가가 그간 쏟았던 모든 노력이 수포로 돌아간다는 뜻이자, 상품으로서 평가받을 자격도 없는 커피를 생산했다는 뜻이 된다. 게다가 이 트렌디한 커피의 발효 특성이 때때로 커피의 가격을 비약적으로 높여주었기 때문에 생산자 입장에서는 이를 마다할 이유가 없다. 그것이 개인의 기호에 맞건 맞지 않건 간에 말이다. 학계에서도 긍정적인 '발효'와 부정적인 '과발효'를 구분하는 기준에 대해 연구가 이루어지긴 했지만 '어떤 성분이 나타나면 과발효로 본다'는 식일 뿐, 모든 사람들의 기호를 반영한 연구는 아니었다.

언젠가 일반 소비자들도 자연스럽게 현재의 스페셜티 커피의 최전방에 있는 것을 즐기는 날이 올지 모른다. 스페셜티 커피를 하는 사람들이 단순히 낯선 생산국의 커피를 소비자들에게 전달하기만 하는 것은 아니다. 그들이 추구하는 커피는 언제나 소비자들은 물론 산지보다도 더 앞서간다. 때문에 나는 그들이 소비자와 생산자 중 어느 한쪽을 일방적으로 알리는 것이 아니라, 이 둘이 '스페셜티 커피'라는 하나의 비전을 볼 수 있게끔 연결고리 역할을 하는 사람들이라고 생각한다. 하지만 스페셜티 커피를 받아들이는 것이 사람들에게 생각보다 쉬운 일이 아니라는 것을 알아야 한다. 나라마다 문화마다 무수히 다양한 취향이 존재한다는 사실도, 어쩌면 우리의 스페셜티 커피 중 일부는 영영 통하지 못할 수 있다는 사실도 인정해야 한다. 아무리 어떤 커피가 유행이고 높은 점수를 받았다 해도 그 향미가 그동안 경험해보지 못한 것이라면, 사람들은 오히려 어색하게 느끼고 심하면 불편한 기분까지 들 것이다. 그들이 줄곧 마셔왔던 커피에서는 발견할 수 없었거나, 발견되어서는 안 되는 특징이기 때문이다. 단순히 '트렌드'나 '학계의 연구 결과'라는 명목으로 오랫동안 과발효라고 여겨왔던 커피가 갑자기 좋아질 수는 없는 것이다.

CoE에서 칼리브레이션할 때 농익은 과일 향미의 커피에 60점대의 점수를 줬던 한 노령의 커퍼는 실제 심사 때 이와 매우 흡사했던 커피에 80점대 후반의 점수를 줬다. 그리고는 이렇게 말했다. "솔직히 처음 커피를 맛봤을 때는 속이 좋지 않다고^{disgusting} 느낄 정도였다. 개인적으로는 절대 돈을 지불하고 마시지 않을 테지만 높은 점수를 받을 수 있는 커피라는 것에는 동의한다. 객관적으로 평가하려고 정말 노력했다."

'패션에 민감한' 우리 커피쟁이들은 대부분 이렇게 자신의 개인적인 기호와 업계의 유행 사이에서 방황하다 어느 한 방향으로 나아가는 과정을 겪어왔다. 그리고 가까운 미래에 '대중'이라는 이름의 이들도 그 뒤를 따라와 주길 바랄 뿐이다.

10

커피는
무역이다

산지에서 커피를 구매할 때 빼놓지 않고 하는 일이 커핑이다. 그런데 도대체 왜 이런 일을 하는 건지 생각해 본 적이 있는가?

커피의 품질이나 등급을 평가하기 위해서라는 식의 교과서적인 이야기는 접어두자. 솔직히 소비국에서 하는 커핑은 대부분 이미 커피의 등급이 정해져 있는 상태에서 진행된다. 커피의 등급이나 평가 점수가 궁금한 것이라면 생두회사에서 제공하는 단가표만 확인해도 어느 정도 짐작이 가능하다.

커핑을 하는 이유는 단 하나다. 바로 커핑이 커피의 특성을 가장 잘

이해할 수 있는 수단이기 때문이다. 커핑은 커피가 얼마만큼의 가치를 가지고 있는지, 그래서 얼마에 팔 수 있는지, 제시된 가격에 구입해도 되는 건지, 시장에서 거래될 만한 상품인지 등을 파악할 수 있는 좋은 방법이다.

상품으로서 커피의 가치를 논하는 사람.

커퍼라고 하는 사람은 원래 그런 일을 하는 사람이다. 단순히 '스페셜티'라든가 '80점'이라고 커피에 이름을 짓거나 세례를 주는 사람이 아니다. 물론 스페셜티나 몇 점짜리 커피라는 작명이 필요할 때도 있지만 그것이 실제 커피의 값어치를 결정짓는 것으로 이어지지 못한다면 커핑이라고 해도 그저 연습이나 취미활동에 그치고 만다. 그런 측면에서 보면 어쩌면 커핑은 커피를 거래하는 데 요구되는 여러 가지 기술 중 일부에 불과할지도 모른다.

커피는 다른 작물에 비해 평소 품질의 변화 폭이 크고, 가격도 수시로 널을 뛰는 유별난 농작물이다. 여기에 선물시장의 가격변동성까지 영향을 미치면 아무리 동일한 상품도 같은 조건에 다시 사고파는 것이 불가능에 가까워진다. 대표적인 예로 들 수 있는 게 2013년과 2014년의 커피가격이다. 2013년 연말을 기준으로 1불 가량이던 커피가 2014년 연말에는 가격이 두 배 가량 치솟았다.

(단위 : 파운드당 센트)

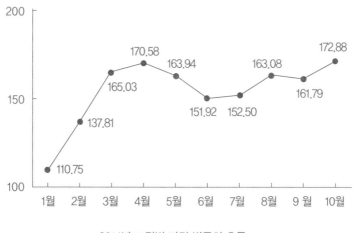

2014년 그린빈 가격 변동의 흐름
출처 : 월간COFFEE 2014년 12월호

　　때문에 산지와의 거래에 있어서는 무엇보다 탄탄한 신뢰관계가 뒷받침되어야 한다. 커피사업을 하는 사람에게는 그 규모만큼의 생두가 필요하고, 커피를 생산하는 사람도 생산량에 맞는 거래처가 필요하기 때문이다. 그러나 이러한 수요와 공급 곡선이 딱 맞아떨어지는 경우는 거의 없기 때문에 칼자루를 쥐는 쪽은 계속 바뀌게 된다. 이때는 이 관계를 칼자루가 오가는 상태가 아닌, 장기적인 거래가 가능한 줄다리기 상태로 만드는 것이 중요하다. 커피는 한번 물건을 팔면 끝나는 장사가 아니라 무역이기에 이를 별 탈 없이 지속하기 위한 외교술도 필요하다.

커피를 거래하다 보면 예상을 뛰어넘는 일이 수없이 발생하는데, 생산자나 소비자 그 누구나 되도록 책임은 피하고, 가능한 수익은 크게 남기고 싶어 하기 마련이다. 간혹 생산지에서 파업이나 폭동, 자연재해 등이 일어나면 운송에 문제가 생기고, 포장이 망가지는 등의 이런저런 이유로 제품이 손상되기도 한다. 혹여나 성공적으로 소비국으로 입항 하더라도 검역 등의 문제로 어렵게 들어온 커피를 모두 불태워야 하거 나 어떨 때는 이미 돈을 지불했는데 물건이 도착하지 않기도 한다. 하지만 그마저도 작황이 나빠 구매할 커피가 아예 없는 것보다는 희망적 이다. 커피 생산량이 수요를 따라가지 못한다고 해서 생산자가 갑자기 단돈 5센트 차이로 약속한 물량을 다른 판매자에게 넘겨버린다면 어떤 일이 벌어질지 상상이나 할 수 있을까? 사업의 규모가 크면 클수록, 그 피해는 감당할 수 없을 정도로 커진다.

천 명이 넘는 큐 그레이더Q-grader가 있는 곳이 한국이고, 커핑에 대한 열기도 이토록 뜨거운 나라가 없다. 카페는 두세 개 건너 하나 꼴로 로 스터가 있고 이들 대부분이 생두의 다이렉트 트레이드를 기반으로 한 원두 납품을 희망한다. 언젠가 산지에서 만났던 한 일본 기업의 바이 어가 이런 말을 했었다. "나는 일본인임에도 직접 산지에 가서 커피를 구매하는 일본인보다 같은 일을 하는 한국인을 더 많이 알고 있다"고.

그럼에도 이따금 산지 사람들을 통해 듣는 이야기는 참담하다. 농장에서 온갖 환대를 받고 엄청난 양의 샘플을 요구한 다음 돌연 자취를 감추거나, 구두로 일정량을 구매하겠다며 약속해놓고 다른 농장과 저울질하며 계약을 차일피일 미루는 바람에 결국 농장이 판매시기를 놓치고 말았다는 식의 이야기 말이다. 한번은 판매시기를 놓쳐 형편이 좋지 않았던 한 농장에 말도 안 되는 낮은 가격을 요구하며 커피를 전량 구매할 테니 구매량보다 훨씬 많은 그레인 프로grain pro*를 컨테이너에 같이 보내라고 한 업체도 들은 적이 있다. 정말 기가 막히지 않은가? 그 빈 비닐을 어디에 사용했을지 짐작이 가고도 남는다. 상도의 기본이자 윤리적으로 당연한 이 부분을 무시한 채 행해지는 거래에서 커핑이라는 기술이 장기적으로 얼마나 유용할지 그들에게 묻고 싶다.

나는 이것이 두 지역의 상거래 관습 차이에서 비롯된 문제라고 생각한다. 농장과의 거래에서 가장 많이 구설수에 오르는 한국의 거래 문화는 '일단 찔러놓은 다음 내고하는' 문화다.

보통 산지의 농장이나 중개업자와 거래를 할 때는 구매자 측이 먼저 원하는 조건을 밝힐 필요가 있다. 커피의 품종이나 가공방식, 단가, 물량, 향미 프로파일 등 '반드시 부합되어야 하는' 자사의 기준 말이다. 규모가 큰 업체라면 아무리 커피가 마음에 들어도 예정된 단가와 물량

※ 그레인 프로grain pro 생두를 커피자루에 넣기 전 이중포장을 할 때 쓰는 녹색비닐

에 맞지 않으면 구매하지 못할 확률이 높다. 또한 특정 블랜드에 사용할 커피를 구하는 거라면 향미의 특성이 염두에 둔 프로파일에 들어맞아야 하고, 다른 커피와의 연관성도 당연히 고려해야 한다.

드물게 '내가 사고 싶으면 산다'는 식의 기준을 지닌 구매자도 있긴 하다. 하지만 이런 경우는 흔치 않기 때문에 대체적으로 판매자는 구매자가 제시한 조건에 가까운 몇 가지 샘플들을 준비한다. 이중 구매자가 원하는 샘플을 고르면 최종 물량과 단가를 정하고, 포장이나 선적방법 등 세부사항을 협의한 다음 실제 계약과 상품 거래를 이어간다.

언뜻 단순해 보이는 이 절차도 구매자에 의해 깨지는 경우가 있다. 구매자가 자신의 거래조건을 제대로 알려주지 않거나 속이는 것이 대표적인 사례다. 수십 종의 샘플을 받아 놓고 소리 소문 없이 잠적해 버리거나 특정 가격대를 제시해 놓고는 커피를 고르고 나서 금액을 다시 내고하는 구매자도 있다. 영업을 위해서는 당연한 일이라고 생각할지도 모르겠지만, 이런 식으로 가격을 내고한 업체들이 훗날 '농장에서 계속 커피의 등급을 낮춰 보낸다. 사기를 당했다'는 이야기를 하곤 한다. 하지만 엄연히 말해 '해당 커피를 더 낮은 가격에 맞춰 달라'고 요청한 것은 구매자다. 판매자는 이 무리한 요구에 손해를 보지 않기 위해 결점을 덜 걸러내거나 각기 다른 스크린 사이즈의 생두를 섞게 되는 것이다.

한때 스페셜티 커피를 산지와 직접 거래했다며 크게 프로모션을 하던 업체가 있었다. 이 업체는 앞으로 계획하고 있는 대략적인 거래량(물론 매우 많은 양)을 이야기하며 지속적인 구매의사를 밝히고 높은 할인율을 요구했다고 한다. 그런 식으로 계속 몇 가지 제품의 할인을 요청하던 그들은 결국 샘플 하나를 계약했는데, 애초에 언급했던 것보다 품질이 한참 떨어지는, 결코 스페셜티라고 할 수 없는 낮은 등급의 커피였다고 한다. 그런데도 이 업체는 농장이 스페셜티 커피에 한해 약속했던 할인율을 동일하게 적용해달라고 했고, 그마저도 다음해부터는 주문 물량을 대폭 줄여나갔다. 굳이 말하지 않아도 알겠지만 해당 업체의 생두 품질은 매년 떨어졌고, 산지에도 좋지 않은 인상을 남겼다. 산지에 널리고 널린 게 커피 생산자라고 생각하면 큰 오산이다. 산지의 정보는, 그중에서도 블랙리스트의 공유는 무엇을 상상하던 그 이상으로 빠르게 이루어진다.

구매자와 판매자 간의 이 기본적인 윤리가 지켜지면, 판매자는 믿을 만한 구매자에게 '좋은 커피 품질'로 보답하곤 한다. 국내의 한 유명 스페셜티 커피업체는 판매자가 제시한 가격에서 절대 네고를 하지 않는다는 이야기를 관계자로부터 들은 적이 있다. 그만큼 해당 업체의 커피는 언제나 훌륭한 품질을 유지하고 있으며, 산지에서도 훌륭한 한국 기업으로 평가받고 있다.

나와 친분이 있는 한 노령의 커퍼가 이런 이야기를 한 적이 있다.

"90점짜리 커피를 60점으로 평가하는 일이 커퍼에게는 단순한 실수일 수 있지만 몇몇 생산자에게는 가정경제가 몰락하고 가족이 해체되는 발단이 되기도 한다. 아이가 아파도 병원에 데려갈 수 없다는 뜻이고, 작은 상처가 곪아 터져서 손발을 절단하게 될 수 있다는 뜻이다. 그렇다고 60점짜리 커피를 90점으로 만든다면, 너는 곧 평판을 잃게 될 것이고 너의 커핑 점수를 신뢰한 업체로부터 소송을 감수해야 한다. 너의 평가를 믿고 있는 그 업체가 손해를 입기 때문이다. 그래서 커핑은 항상 객관적이어야 하고, 그보다 우선적으로 산지를 존중하는 마음을 담아야 한다."

처음 그 말을 들었을 때는 커핑 능력을 키워야 한다는 뜻이라고 생각했다. 하지만 지금 와서 생각해보니 그것은 단지 정확한 평가를 해야 한다는 이야기만은 아니었던 것 같다. 어쩌면 그것은 커핑이 단순히 숫자계산이나 펜 놀림이 아니라 사람을 상대하는 일이라는 이야기가 아니었을까?

객관적인 시각과 전문성을 가지고 매너 있게 사람을 대하며 오랫동안 그 관계를 유지하는 일. 그것이 이루어져야 비로소 커퍼도, 커핑도 존재할 수 있을 것이다.

11

거대 농장은
CoE에
참가하지 않는다

CoE$^{\text{Cup of Excellence}}$(컵 오브 엑셀런스)는 1999년 브라질에서 시작된 세계 최대 규모의 생두 선발 대회다.

CoE는 커피 생산국에서 매년 개최되는데, CoE가 열리면 해당국의 커피 생산자들은 자신이 생산한 커피 중 최상의 커피를 운영기관에 제출한다. 그러면 운영기관에서는 샘플들의 외관을 감정하여 결점 없이 깨끗한 생두를 선별하고 국가선발전에 출전시킨다. 국가선발전에 오른 샘플들은 다시금 해당국의 커퍼들에 의해 엄격한 심사를 받는다. 총 2회에 걸친 과정을 통해 85점 이상을 받은 무결점 커피들만이 국가선발전을 통과한다. 그렇게 국가선발전을 통과한 커피들은 전 세계에서 선발된 커퍼들에 의해 또 다시 3회에 걸쳐 커핑으로 평가받는다.

이러한 수고로움과 오랜 기다림에도 CoE는 커피산지들 사이에서 최고의 대회이며, 수많은 커피 생산자들의 꿈이다. 자칫 잘못하면 커피의 판매시기를 놓칠 수 있다는 위험부담과 값비싼 수수료를 지불해야 한다는 부담이 따르지만 CoE에서 상위권에 랭크된 커피는 시중보다 수십 배 비싼 가격에 거래된다. 게다가 무엇보다도 CoE는 커피의 품질에 관심이 많은 구매자들에게 농장을 알릴 수 있는 좋은 수단이 된다. CoE를 통해 얻은 수익으로 농장의 설비를 보강해서 더 훌륭한 커피를 생산할 수 있는 기반을 마련할 수도 있다. 경제적으로 낙후된 산지일수록 CoE는 그야말로 인생 역전을 노려볼 만한 절호의 기회인 것이다.

그럼에도 자진해서 이 대회에 참가하지 않는 농장들이 있다. 국내의 한 커피업체를 통해 만난 브라질의 한 농장이 그런 곳이었다.

이 농장은 브라질에서 가장 큰 규모를 자랑하는 곳 중 하나로 한국뿐 아니라 스위스의 네슬레Nestle나 이탈리아의 일리Illy 같은 유수의 커피업체들에게도 익히 잘 알려진 농장이다. 실제로 이 농장을 방문해서 '이곳이 브라질의 어디쯤에 위치해 있느냐'고 물었을 때 브라질 전도에 500원짜리 동전만한 크기로 농장을 그려줬던 기억이 난다. 4대째 농장을 운영하고 있는 이곳의 농장주는 부모로부터 물려받은 이 사업을 단순히 커피회사가 아니라 친구들로부터 신뢰받고, 또 그들과 함께 나눌 수 있는 일로 이어가고 싶다고 말했다.

농장주가 우리를 맞이한 게스트 하우스에서 커핑 랩까지는 차를 타고 40분가량 산길을 달려야 했다. 눈에 보이는 모든 땅과 산이 커피나무와 사탕수수로 덮여 있었다. 한도 끝도 없이 이어지던 산등성이 한편에는 농장에서 생산된 커피와 사탕수수를 원활하게 보내기 위한 운송장까지 마련돼 있었다. 브라질에서 만난 한 친구는 이런 곳을 '육지의 항구'라고 불렀는데, 그곳에는 수출품을 컨테이너에 적재하는 설비도 갖춰져 있었다. 엄청난 비용이 드는데다가 상상을 초월하는 복잡한 인허가를 거쳐야 하기 때문에 대부분의 사람들은 언감생심 꿈조차 꿀 수 없는 사업이라는 이야기를 들은 적도 있다.

"내 친구들에게 커피를 보낼 때 번거로워서 새로 하나 지었다"는 농장주의 소개에 우리 일행은 전부 할 말을 잃고 그저 웃을 뿐이었다.

어렵게 도착한 커핑 랩에는 농장의 역사를 엿볼 수 있는 사진이며 상패가 벽을 빼곡하게 채우고 있었다. 그중에서도 내 시선을 사로잡은 것은 오래돼 보이는 CoE 증서 한 장이었다. CoE에는 더 이상 참가하지 않느냐는 내 질문에 농장주는 단호하게 'No'라고 대답했다. 그러고는 이런 말을 덧붙였다.

"CoE는 영세한 농장들을 위한 행사입니다. 참가하려고 한다면야 얼마든지 나갈 수 있겠지만 대농일수록 소규모 생산자들을 보호하고 지원해야 할 의무가 있기 때문에 그들에게 주어진 기회를 뺏으면 안 된다고 생각합니다."

그것이 그가 믿는 대농의 의무이자 미덕이었다.

규모가 작은 농장은 안팎으로 다양한 위기에 직면한다. 기후문제는 농장이 크든 작든 타격이 똑같을 거라고 생각할 수 있지만 탄탄한 자본력으로 피해상황을 견뎌낼 수 있는 대농에 비해 영세농장이 감당해야 할 부담은 그와 비교가 되지 않는다.

대부분의 생두 바이어들은 커피를 구매할 때 배송비를 줄이기 위해 거래량을 컨테이너 단위로 맞춘다. 그런데 작은 농장에서는 한 가지 상품, 다시 말해 단일 품종이나 단일 등급의 커피로 한 컨테이너의 물량을 채우기 어렵기 때문에 보통 중간업자를 통해 거래한다. 이러한 영세 농장에게 소량이라도 품질이 좋은 커피를 원하는 구매자들이 한 자리에 모이는 CoE는 놓칠 수 없는 찬스임이 분명하다.

하지만 최초로 샘플을 취합하는 시점부터 행사가 마무리되어 커피를 배송하는 시점까지 수개월이 걸리는 만큼 농장 입장에서는 리스크가 큰 것이 사실이다. 국가선발전을 통과한 커피는 내셔널 위너national winner로 분류되어 등수나 수상 여부에 관계없이 대회가 끝날 때까지 무조건 운영기관이 지정한 창고에 보관되기 때문이다. 운 좋게 상위권에 랭크되면 많게는 수십 배의 이익을 거둘 수 있지만, 매 라운드마다 단 한 컵이라도 결점이 발견되면 이전 라운드에서의 성적과는 무관하게 바로 탈락된다. 때문에 커피를 오랫동안 창고에 묶어 두고 있다가 거래 시기를 놓쳐 헐값에 처분해야 하는 경우도 있다. 전체 생산량의 일부를 CoE에 투자할 수 있는 대농이야 그런 위험을 감수할 수 있지만 거의 모든 물량을 CoE에 걸어야 하는 작은 농장에게는 CoE가 더없이 소중한 기회이자 모험인 것이다. 때문에 CoE에서 한번 1등을 한 농장은 다른 경쟁자들을 위해 그 다음부터는 참가하지 않는 나라들도 더러 있다.

내가 만났던 브라질의 농장주 역시 몇 년씩 CoE의 상위권을 독점하는 농장들을 신랄하게 비판했다. 굳이 CoE의 힘을 빌리지 않고도 스스로 꾸준히 거래를 이어갈 수 있다면, 영세농장들의 기회를 빼앗지 말아야 한다는 것이 그의 논리였다. 농장과 오랫동안 거래를 이어온 바이어의 설명에 따르면, 실제로도 이 농장은 브라질의 여러 영세농장을 위해 많은 지원을 하고 있다고 한다. 자신이 참가하지 않는 CoE에 기금을 내는 등의 방식으로 말이다. 그의 자산이 얼마나 되는지는 모르지만, 그보다 더 많은 부를 지닌 사람이라도 그와 같은 행동을 쉽게 할 수는 없었을 것이다.

CoE
진행과정

1 심사 Judgment

❶ 1단계 프리 셀렉션 Pre-Selection(1라운드)

개최국의 농장들이 전국에서 생두를 출품한
다. 해당 국가의 커퍼들이 평가를 통해 85점
이상을 받은 최대 150종의 샘플들을 통과시
킨다.

❷ 2단계 국내 심사 National Jury

프리 셀렉션과 마찬가지로 개최국의 커퍼들이
심사하는 시기다. 이 단계를 통과한 커피를 '내
셔널 위너national winner'라고 부른다.

· **1차 심사(2라운드)**

프리 셀렉션을 통과한 샘플들을 재평가한다.
85점 이상을 받은 최대 90종의 샘플들을 골
라낸다.

· **2차 심사(3라운드)**

2라운드를 통과한 샘플들을 재평가한다. 85점
이상을 받은 최대 60종의 샘플들을 골라낸다.

❸ 3단계 국제 심사 International Jury

국내 심사를 통과한 샘플들을 전 세계에서 초
청된 커퍼들이 심사하는 시기다. 대륙별, 국가
별로 다양한 심사위원이 초청되며, 한 지역에

CoE$^{Cup\ of\ Excellence}$(컵 오브 엑셀런스)는 1999년 브라질에서 처음으로 시작된 생두 경연 대회로, 커피 생산국에서 일 년에 한 번(단, 브라질과 콜롬비아는 일 년에 두 번) 열린다. 2015년 기준으로는 브라질, 브룬디, 콜롬비아, 코스타리카, 엘살바도르, 과테말라, 온두라스, 멕시코, 니카라과, 르완다 등 총 10개국이 참가하고 있다. CoE에 출품된 커피는 최대 6번의 심사를 받게 되며, 모든 커피는 매번 '346', '248'과 같은 난수표로 코드를 분류해 정보를 철저히 가린 상태에서 블라인드 테이스팅을 진행한다.

편중되지 않도록 그 수를 조절한다. 처음으로 초청받은 커퍼들은 옵저버^{observer} 자격으로 참가해 실제 커핑 점수에는 영향을 미치지 못하지만, 1~2회 정도 옵저버로 활동하고 문제가 없으면 정식 심사위원으로 초청된다.

국제 심사 기간 동안은 개별 심사의 점수를 조정하는 칼리브레이션은 하지 않고, 개별 심사의 평가 결과를 그대로 반영한다. 이 단계를 통과한 커피를 'CoE 커피'라고 부르며, 심사과정에서 단 하나라도 결점이 발견되는 커피는 이전 라운드의 성적과 상관없이 탈락 처리된다.

· **1차 심사(4라운드)**
국내 심사를 통과한 모든 샘플들을 평가한다. 85점 이상을 받은 최대 45종의 샘플들을 골라낸다.

· **2차 심사(5라운드)**
1차 심사를 통과한 샘플들을 재평가한다. 85점 이상을 받은 샘플들은 점수에 따라 순위를 매기고 CoE 커피 자격을 부여받는다.

· **3차 심사(6라운드)**
2차 심사 결과 상위 10위권에 선정된 샘플들을 재평가한다. 3차 심사를 통해 샘플들의 최종 점수와 등수가 결정된다.

2 시상식 Award Ceremony

참가 농장과 주최 측 관계자, 심사위원들이 한자리에 모이는 자리다. 농장주들은 시상식 전까지 자신의 등수를 알지 못하며, 마지막 등수부터 차례로 호명된다. 90점 이상을 받은 농장주에게는 추가로 프레지덴셜 어워드$^{Presidential\ Award}$를 수여한다.

3 샘플링&경매
Sampling&Auction

심사 절차가 모두 끝나면 CoE 커피의 정보가 인터넷에 공개된다. 경매에 참여하길 원하는 업체들은 CoE의 주관사인 ACE의 공식 홈페이지에서 샘플을 신청할 수 있고, 그러면 모든 CoE 커피의 샘플을 약 200그램씩 받게 된다. 국제 심사가 끝나고 6주 정도가 지나면 참여 의사를 밝힌 업체들이 인터넷으로 실시간 경매를 한다. 가장 높은 가격을 부른 업체가 해당 등수의 커피를 전량 구매하며, 이때 몇 개의 업체가 동시에 참여해 같은 등수의 커피를 나눠서 구매할 수도 있다. 입찰 가격은 1파운드당 최저 4달러부터다.

12

SCAJ 2008,
커퍼로서의
첫날

내가 처음으로 '커퍼'라는 직업을 인식하게 된 건 언제였을까.
이 질문의 답을 생각할 때면 떠오르는 광경이 하나 있다.

2008년 한 생두회사의 행사장.
그리고 이어서 떠오르는 SCAJ 2008의 단편적인 기억들.
지금부터 그 이야기를 해볼까 한다.

내가 커피를 하게 된 데는 커피를 좋아하지만 보수적인 아버지 집안 때문에 카페를 열 수 없었던 어머니의 영향이 컸다. 힘들게 들어간 디자인 대학을 졸업한 후 처음 입사한 광고회사를 한 달 만에 그만둔 나를 보며, 어머니는 남모르게 딸이 '조직생활에 쉽게 적응하지 못하는 성격'이라고 생각했던 모양이다. 거기에 내심 젊은 시절의 꿈을 딸을 통해서나마 이루고 싶은 마음도 있었던 것 같다. 커피숍을 차려줄 테니 커피나 빵을 배워보지 않겠냐는 말이 오간 건 2007년 크리스마스이브, 가족들이 둘러앉아 맛있는 케이크를 먹으며 대화를 나누던 중이었다.

그렇게 다니게 된 커피학원에서 나는 우연히 강사로 일하게 되었고, 2008년 하반기에 접어들 즈음엔 커피강사로서 나름대로 자부심을 느끼며 경력에 대한 욕심을 키워가고 있었다. 그러다 우연히 듣게 된 것이 SCAJ라는 커피행사였다.

SCAJ란 일본스페셜티커피협회Specialty Coffee Association of Japan의 정식 명 칭이다. 일본에서는 일 년에 한 번 국가대표 바리스타 선발전과 함께 대규모 커피 박람회를 개최하는데, 'SCAJ World Specialty Coffee Conference and Exhibition'이라는 긴 이름 대신 간단하게 'SCAJ' 뒤에 연도를 붙여 부른다. 지금이야 세계 각국이 자국의 커피산업을 부흥시키기 위해 스페셜티 커피협회를 설립하고, 셀 수 없이 많은 대회를 열고 있지만 그때만 해도 일본은 아시아에 단 하나뿐인 스페셜티 커피협회 보유국이었고, SCAJ는 아시아 최대의 커피행사였다.

"우리나라는 커피전시라고 해도 다양한 식음료 업체들이 참가하잖아? 근데 SCAJ는 커피만 가지고 전시를 해."

당시 함께 일했던 실장님이 이런저런 이야기를 해줬지만 내게는 그저 먼 나라의 이야기일 뿐이었다. 왜 있지 않은가. 먼 나라라는 표현조차 무색할 만큼 너무나 동떨어진 이야기라 차마 그 광경을 상상할 수도 없고, 현실감도 느껴지지 않는 그런 이야기.
나는 그것을 내 눈으로 직접 보고 싶다는 마음에 심장이 뛰었다.

"저도 데리고 가시면 안돼요?"

실장님은 무척이나 당황해했고, 남자라면 모를까 내가 널 데리고 가면 좀 그렇지 않냐며 웃어넘겼다.

"괜찮아요. 저 정말 가고 싶어요. 저 좀 데리고 가주시면 안돼요?"
나는 200% 진심이었고, 장난처럼 시작된 이 대화는 그 후로도 몇 번이고 반복되었다.
남자친구가 불편해하지 않겠냐는 말에 바로 남자친구의 동의를 구했고, 수업이 있지 않냐는 말에 동료에게 사정해서 교육 날짜를 바꿨다. 그렇게 며칠이나 얘기가 오갔을까.

"영어는 좀 하냐?"

사실 내 영어실력은 대한민국에서 대학교를 졸업하고 취업 준비를 해본 사람이라면 누구나 할 수 있는 정도의 수준이었지만 통역이든 뭐든 좋으니 데려가기만 해달라고 조르는 통에 결국 내게도 명함 하나가 주어졌고, 거기에는 'Q/C'라는 직함이 적혀 있었다.

"Q/C가 뭐예요?"
"퀄리티 컨트롤Quality Control이라는 뜻이야. 외워."

퀄리티 컨트롤이란 말 그대로 품질을 관리하는 일이다. 비단 커피회사뿐 아니라 전 산업에서 두루 통용되는 직군으로, 줄여서 Q/C라고 부른다. 업체가 제조, 판매하는 상품이나 서비스의 품질을 검사하는 일인데, 비슷한 개념으로는 Q/AQuality Assurance(품질보증)와 Q/MQuality Manegement(품질경영) 등이 있다. 사업분야에 따라 차이가 있긴 하지만 커피회사에서 제품의 품질을 본다고 하면 주로 생두나 원두의 상태를 확인하는 것, 즉 커핑이 기본이 되므로 흔히 '커퍼'라고 불리는 사람들이 이러한 직함을 달곤 한다.

당시 내가 일했던 직장은 생두회사에서 운영하는 커피학원이었는데, 내 담당업무가 로스팅과 추출, 그리고 커핑을 가르치는 것이었으니 따지고 보면 크게 다른 일을 하는 것은 아니었다. 하지만 그때 나는 그 교육과정들이 실제 산업체에서는 어떻게 적용되는지에 대한 개념이 거의 없었다. 막연히 커피회사에서 일하는 데 필요한 기술이라고 이론적으로만 알고 있을 뿐이었다.

SCAJ는 매년 도쿄 남단에 위치한 오다이바 섬의 빅사이트Big sight라는 전시장에서 열린다. 이곳에서 에스컬레이터를 타고 올라간 나는 살짝 구석진 곳에서 SCAJ 입구를 발견했다.

개선문을 닮은 입구 너머로 박람회장의 모습이 보였다. 중앙에 높이 솟은 구조물이 유독 눈에 띄었던 일본의 생두회사 와타루Wataru와 스위스의 커피 그라인더 업체인 디팅Ditting의 간판, 그리고 과테말라와 인도네시아 같은 커피산지 부스들이 아직도 기억난다.

그곳은 내가 그동안 알고 있었던 '커피'의 세계를 부정하는 곳이었다. 핸드드립 커피의 이름으로만 알고 있었던 과테말라와 인도네시아가 사람의 형태로 살아 움직이고 있었다. 그들은 하나같이 자신의 일에 열심이었고 원두와 생두, 그밖의 다양한 사업에 몸담고 있었다. 번듯하게 양복을 차려입은 외국인들은 앞다투어 자신의 사업을 홍보하기에 바빴고, 그들을 찾아온 정장 차림의 또 다른 무리는 웃음기 없이 진지한 태도로 그 가치를 논했다. 그들은 원두 한 봉지의 가격이 아닌, 선물지수와 세계증시를 이야기했고, 한 백^{bag}의 커피 대신 한 나라의 시황을, 한 잔의 커피를 만드는 개인의 테크닉 대신 업계 전반의 기술력을 이야기했다.

'아. 한국의 커피는, 내가 알던 커피는 너무나 작았구나. 나는 아무 것도 아닌 곳에서 경쟁하고 있었구나.'

이 소소한 깨달음을 얻은 SCAJ 방문 일정이 끝나갈 무렵, 전시장의 양복을 입은 이들과 만날 기회가 생겼다. 사실 그 해 일본 출장은 SCAJ 참관뿐 아니라, 내가 소속돼 있었던 생두회사의 비즈니스 때문에 계획된 것이기도 했다.

우리 일행이 참석한 행사는 관계사의 창립기념 오찬이었다. 나는 그곳에서 만난 일본의 커피기업 사람들과 인사를 하다가 한국에서 무슨 일을 하냐는 질문을 받게 되었다. 나는 한국에서 들은 대로 스스로를 Q/C라고 소개하며, 학생들을 가르치고 주로 커핑을 한다고 대답했다. 그러니 자연스럽게 대화도 그쪽으로 흘러갔다.

"커핑을 하신다고 했는데, 그럼 보통 어떤 일을 하십니까?"

"회사에서 사용할 커피를 샘플링^{sampling}하고, 회사가 운영하는 학원에서 학생들을 가르칩니다."

"그럼 어느 협회에 소속되어 있습니까? SCAA^{Specialty Coffee Association of America}(미국스페셜티커피협회)라든가."

"아니요. 한국에는 스페셜티 커피협회가 없고 SCAA에는 흥미만 있습니다."

"그렇다면 커핑과 관련된 자격을 가지고 있습니까? 큐 그레이더 ^{Q-grader}라든가."

"아니요. 아직 관심만 있습니다."

"대회에 참가한 적은요? CoE^{Cup of Excellence}(컵 오브 엑셀런스) 같은 곳에는 가봤습니까?"

"한국에서는 커피업체도 커핑보다는 일반적인 추출방식으로 커피의 품질을 보는 경우가 많고, 이와 관련된 교육을 하는 곳도 별로 없어서 커핑이 대중적이지 않습니다. 하지만 관심이 있어서 나중엔 꼭 참가하고 싶습니다."

대화 말미에 그는 내게 이런 말을 하고 자리를 떴다.

"'흥미가 있습니다', '관심이 있습니다'라고 하시지만 저 역시 커핑에 관심이 있고, 그게 어떤 것인지도 알고 있지만 저는 커퍼가 아니라 샐

러리맨입니다. 그런데 실제로 자격을 가지고 있지도, 연관된 일을 하고 있지도 않은 거라면 커퍼라고 말할 수 없지 않습니까? 그저 관심이 있는 것만으로 커퍼가 되는 것은 아니니까요."

SCAJ에서의 경험이 밀물처럼 다가온 변화였다면, 그 순간은 천지가 뒤집히고 번개가 치는 것 같았다고 해야 할까. 나는 무안함과 함께 한없이 작아지는 기분이 드는 동시에 새로운 목표가 생겼다. 둘 중 어느 것이 나의 세계관에 더 큰 영향을 끼쳤는지 선을 그어 말할 수는 없지만 어쨌든 그 며칠 간의 일정이 '커퍼'라는 직업을 각인시킨 것만은 분명하다.

울컥하는 마음이나 오기가 전혀 없었다면 거짓말이다.

10년 가까이 커피업계에 종사하면서 그날의 짧은 대화만큼 뇌리에 강하게 남았던 순간도 없다. 이제와 돌이켜보면 그 대화 상대에게 감사해야 할 일이다. 그는 '커피숍 사장'이 종착역이라고 생각했던 나의 직업관에 또 다른 목표를 제시해준 사람이었으니까.

커피 맛보기
첫걸음

커피의 맛과 향을 제대로 느껴보고 싶다면 다양한 방법으로 능력을 발달시켜야 한다. 곧장 커피학원으로 달려갈 수도 있겠지만, 커피를 즐기는 방식은 사람마다 제각각이니 자신의 성향과 목적에 따라 가장 잘 맞는 연습방법을 찾아보자.

1 모든 것은 기본부터. 기초 훈련형

바로 실전연습을 하는 것보다 기초부터 차근차근 실력을 쌓길 원하는 초심자를 위한 방법. 커피의 기본적인 맛인 단맛, 신맛, 짠맛, 쓴맛을 여러 농도의 설탕, 구연산, 염화나트륨, 카페인 용액을 이용해 미각 훈련을 하거나, 아로마 키트로 후각 훈련을 한다. '내가 느낀 향을 뭐라고 설명하지?'나 '이 정도면 맛이 센 건가, 약한 건가?' 등의 궁금증을 해결하는 데 도움이 된다. 훈련 후에 실제 커피의 향과 맛을 비교해보는 과정은 필수적이다.

2 한 번 할 때 제대로. 양보다 질형

커피의 가공방식이나 품종에 관심이 많고 다양한 샘플을 비교해보는 것을 좋아하는 이들을 위한 방법. 커피를 가공법, 품종, 지역, 등급 등을 기준으로 비교 시음하거나 CoE 커피처럼 우수한 평가를 받은 지역의 커피를 여러 개 모아 놓고 테이스팅할 것을 권한다. 같은 농장에서 다른 방식으로 가공된 커피를 맛보는 것도 좋은 방법이다. 테이스팅을 할 때 나름의 방식대로 그 차이를 파악할 수 있으려면, 이에 해당되는 기본 이론 정도는 먼저 숙지하는 것이 좋다. 또한 훈련이 목적이라면 선입견을 없애는 차원에서 사전정보를 가리고 맛을 보는 블라인드 테이스팅을 한 후 커피의 정보와 테이스팅 결과를 대조해보자. 이 방법은 이론에서 배운 내용을 실제로 확인해보는 데 더없이 좋지만, 조건에 맞는 샘플을 구하기가 어렵다.

3 많이 해보는 게 답이다. 다다익선형

형식에 구애받지 않고 맛을 보는 것 자체에 의미를 두는 커피 애호가들을 위한 방법. 어느 정도로 평가 기준이 잡혀있는 상태에서 가장 큰 효과를 거둘 수 있는 훈련법이기도 하다. 등급이나 지역 등 어떤 조건에도 얽매이지 말고 그냥 많은 종류의 커피를 맛보기만 하면 된다. 반드시 커핑의 형식을 따를 필요는 없지만, 단순히 즐기는 데 그치고 싶지 않다면 맛을 보면서 가급적 다양하게 표현해보는 것이 좋다. 이왕이면 혼자보다 여러 사람과 함께 하면서 의견을 교류하자. 최근에는 온라인 동호회뿐 아니라 많은 카페에서도 오픈 테이스팅이나 퍼블릭 커핑을 하곤 한다. 조금만 부지런을 떤다면 얼마든지 다채로운 경험을 쌓을 수 있다.

TIP 어떤 방식으로 훈련을 하더라도 선입견을 가지는 것은 좋지 않다. 되도록 객관적으로 커피의 향과 맛, 그 자체를 느끼려 노력하고 구체적인 향미 표현을 기록해두는 습관을 들이자.

2장

심사위원의
눈으로 보다

See with the eye of the judge

커피대회는 커피업계가 꿈꾸는 먼 미래를
가상으로 꾸며 놓은 공간이다.
이곳에는 최고의 기술과 최고의 재료,
그리고 최고의 바리스타들이 모인다.
커피를 하는 사람들이 사랑해 마지않는 공간이지만
심사위원이라는, 혹은 선수라는 직업은 없기에
우리는 그저 이곳에 '스페셜티 커피를 하는 사람'으로
존재할 뿐이다.
가끔은 그 경험이 너무 멋져서
일상으로 돌아오는 것을 방해하기도 하지만,
그 경험을 현실로 만들고 싶어 하는 이들에 의해
커피업계의 흐름이 바뀌기도 한다.
대회장은 내가 '커피를 하는 사람'으로서 일 년 치 꿈을
충전하는 충전소 같은 곳이다.

01
———

대회
심사위원
워크숍

———

커피대회 심사를 하다 보면 이런 질문을 가장 많이 받는다.

"심사를 하면 따로 수고비 같은 걸 받나요?"
"세계 대회 심사면 비행기 표는 공짜인가요?"

대답부터 하자면 '아니다'. 특히 월드커피이벤트World Coffee Event, WCE와
같은 세계 대회는 비행기 표는 물론 숙박비도 자비로 부담해야 하고, 심
지어는 내 돈을 내고 간 타지에서 시험까지 치러야 심사를 볼 수 있다.

하지만 막상 대회 초청장을 받으면 솔직히 그 돈이 아깝다는 생각보다 그 전날 있을 칼리브레이션calibration에 대한 걱정이 더 크다.

대회 심사를 시작한 지도 벌써 몇 년이 흘렀지만 아직까지도 칼리브레이션이나 워크숍이라는 말만 들으면 가슴이 콱 막힌다. 세계 대회에는 바리스타 챔피언을 뽑는 자리에 함께 하고 싶어 하는 수많은 지원자들이 모인다. 이들은 전부 세계 대회의 심사석을 꿈꾸지만 모두가 그곳에 설 자격을 부여받지는 못한다.

이 대회의 심사위원이 되기 위해서는 두 차례의 선발과정을 거쳐야 한다. 첫 번째는 심사위원 인증을 취득하기 위한 심사위원 인증 워크숍이고, 두 번째는 대회 전날 진행되는 심사위원 칼리브레이션이다. 보통 심사위원 인증 워크숍은 대륙이나 지역별로 일 년에 한 번씩 개최된다. 각국 대표를 뽑는 국가대표 선발전에서 2회 이상 심사한 경험이 있어야 참가자격이 주어지며, 전 세계에서 모인 지원자들은 이틀에 걸쳐 필기시험과 실기시험을 본다. 이 워크숍을 통과해 심사위원 인증을 취득한 지원자들만 대회에 초청받고, 대회 전날 현장에서 다시 2차 단계인 심사위원 칼리브레이션을 거쳐야 한다.

사전 워크숍의 필기시험은 대회의 진행 규정rules and regulation을 바탕으로 출제된다. 사실 문제 자체는 대회 전반에 대한 내용이라 별반 새로울 것이 없지만, 정확한 단어로 영어 문장을 써야 한다는 부담이 크다. 이게 과연 심사위원 시험인지, 영어 시험인지 도통 모르겠다며 항변하는 이들도 많지만 영어는 세계 대회의 심사위원이 되기 위해 반드시 갖춰야 할 소양이다. 실기시험은 해마다 조금씩 달라지는데, 기본적으로 지원자의 의사소통 능력과 대회의 진행 및 심사 규정에 대한 이해도, 미각 능력, 시트 작성 능력, 그리고 실전 심사 능력을 본다.

이중 지원자들이 팀을 이뤄서 보는 심사 테스트는 바리스타가 준비한 시연을 실전처럼 심사하는 것인데, 출제자들은 경우에 따라 우유를 아주 뜨겁게 스티밍하거나 에스프레소를 아주 적게 추출하는 등 특정 상황을 일부러 연출하기도 한다. 시연이 끝나면 감독관인 헤드 심사위원은 지원자들을 한데 모아 놓고 각자의 심사 결과에 대해 질문을 던진다. 이 과정은 실제 대회에서도 동일하게 진행되는데, 다만 한 가지 차이점이 있다면, 워크숍은 테스트이기 때문에 헤드 심사위원이 실제 대회보다 훨씬 더 집요하게 파고든다는 점이다.

이때 지원자들은 심사 규정과 심사석에서의 경험, 그리고 자신이 매긴 점수를 연관성 있게 설명할 수 있어야 한다. 음료의 평가 기준과 항목, 이를 표현하는 용어도 모두 실제 대회의 평가규격을 따라야 한다.

매우 사소한 부분까지 꼼꼼히 따져야 하기 때문에 많은 지원자들이 이 심사 테스트에서 극도의 심리적 압박을 받곤 한다. 심지어 평소 즐겨 쓰는 단어나 표현을 사용하는 것도 제약을 받는다. 때문에 감독관이

던진 질문에 자신의 의견을 제대로 말하지 못하고 "제가 뭔가 잘못했나요?"라고 대답하거나 눈물을 쏟는 사람도 허다하다.

그래서인지 워크숍 첫날 오후가 되면 전체적인 분위기가 '이미 떨어진 시험, 내일까지 꼭 기다려야 하나'라는 쪽으로 흐르곤 한다. 그렇게 마음을 비운 만큼 합격했을 때는 다들 세상을 다 가진 듯 기뻐하지만, 반대로 탈락해도 그리 상심이 크진 않아 보였다. 그러나 불합격한 경우에도 어디서 어떤 실수를 했는지는 상세하게 알 수 없기 때문에 그 좌절감은 제법 오래 지속되는 편이다. 때문에 한번 워크숍에서 탈락하면 두 번 다시 도전하지 않는 경우가 많고, 나 역시도 첫 번째로 참가했던 워크숍에서 낙방한 후 재도전을 하기까지 큰 용기가 필요했다.

심사위원을 이토록 까다롭게 선발하는 이유는 실제 대회에서 선수에게 돌아갈지 모르는 피해를 줄이기 위해서다. 대회에서는 매번 온갖 돌발 상황이 발생한다. 그럴 때마다 심사위원은 대회 규정을 넘나드는 선수의 요구 사항과 예측 불허의 사고에 현명하게 대처해야 하고, 어떠한 경우에도 선수의 시연에 방해가 되지 않도록 평정심을 지켜야 한다. 한 순간이라도 심사가 불공정하면 해당 선수가 불리해지고, 혹시나 유리해진다고 해도 결국 다른 선수에게는 피해가 가는 것이기 때문이다.

점수를 공정하게 줘야 하는 것은 물론이고, 심사를 보는 방법도 틀려선 안 된다. 모든 커피대회에는 '심사위원은 어떻게 음료를 마셔야 한다'든가 '어떤 행동을 주목해서 봐야 한다'는 식의 심사 프로토콜protocol이 있다. 심사위원은 프로토콜을 무엇보다 중요시해야 하지만, 가급적이면 선수가 원하는 대로 음료를 마셔야 한다. 잠시 음료를 마시지 말고 몇 번을 저어 몇 번에 나눠 마시라는 식으로 선수가 가이드를 주는 것인데, 이로 인해 실전에서는 심사 프로토콜이 제대로 수행되지 못하는 상황이 빈번하게 발생한다. 이때는 심사위원의 아주 작은 판단 착오에 의해 선수의 시연이 망가지거나 불공정한 심사로 이어질 수도 있다. 따라서 워크숍에서는 예상 가능한 상황을 연출하고, 지원자가 이를 감당할 수 있는지 없는지를 가늠한다. 이 모든 노력은 대회의 주인공인 선수들을 위한 것이다.

이렇게 어렵사리 사전 워크숍을 통과한다고 해도 대회 때 바로 심사를 볼 수 있는 것은 아니다. 사전 워크숍을 통과한 사람들은 세계 대회가 열리기 전 주최 측으로부터 초청장을 받고, 여기에 응하면 대회 전날 현장에서 한 번 더 시험을 치른다. 그리고 앞서 말했듯이 초청이라고는 하지만 이는 100% 자비로 가는 여행이다. 심사위원 칼리브레이션 때는 실제 심사 능력을 중점적으로 평가하며, 이 관문을 지나야 심사석에 앉을 수 있다.

이렇게 보면 사서 하는 고생의 결정체가 바로 대회 심사다. 가끔씩 다른 심사위원들과 "우리가 이렇게까지 심사를 하는 이유는 뭘까?" 하

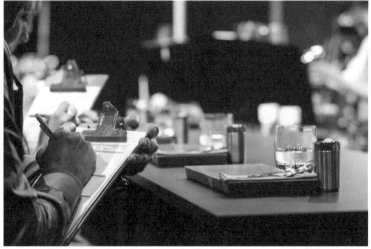

고 서로에게 푸념을 늘어놓을 때도 있다. 하지만 워크숍의 빡빡한 스케줄과 그보다 더 서슬 퍼런 대회를 치르다 보면, 그동안 생각했던 내 실력의 거품이 걷히는 기분이 든다.

스스로의 실력에 의문을 가지고, 때로는 불안해하면서도 무엇을 해야겠다는 다짐을 하곤 한다. 그래서 대회가 끝나면 늘 앞으로 일 년 동안 해야 할 수많은 숙제를 안고 일상으로 돌아온다. 그리고 그 숙제들을 하나씩 해나가면서 내 일을 즐기게 된다고 해야 할까. 약간 과장되게 들릴 수도 있지만 나는 그렇게 매년 대회를 치르며 비로소 '살아있음'을 느낀다.

센서리
심사를
본다는 것

나는 센서리 심사위원이다.

비주얼 심사위원visual judge*이나 헤드 심사위원일 때도 있지만 기본적으로 나는 맛을 보는 사람이다.

종목마다 차이는 있지만 대회 심사는 대부분 손님 입장에서 커피의 맛을 평가하는 센서리 심사와 선수의 기술적인 면을 평가하는 테크니컬 심사로 나뉜다. 이밖에도 시연 전반을 관리하는 헤드 심사위원과

---

* 비주얼 심사위원visual judge 눈에 보이는 것을 평가하는 심사위원으로 라떼아트 대회 때 심사석에 앉아있다.

쉐도우 심사위원shadow judge*이 있고, 선수의 멘트를 기록하는 코멘트 칼리브레이터comment calibrator와 타이머가 망가졌을 때에 대비해 시간을 재는 타임 키퍼time keeper 등이 있다. 여기에 대회의 이벤트 매니저와 공식 포토그래퍼까지 따지면 선수 한 명이 시연하는 데 제법 많은 인원이 움직이는 셈이다.

그중 센서리 심사는 맛을 보는 쪽에 속한다. 그래서 미각 능력이 반드시 요구되지만 그만큼 중요한 것이 칼리브레이션calibration 능력이다.

대회장에서 칼리브레이션이라는 말은 보통 헤드 심사위원과 일반 심사위원들이 점수를 맞추는 일로 인식되곤 한다. 하지만 엄밀히 말해 칼리브레이션은 '교정'이라는 사전적 의미처럼 일정한 점수 기준을 만드는 일이다. 만약 고교생 바리스타 대회가 열린다고 가정하면, 이 대회에서 '보통'이라고 하는 것이 세계 대회의 기준과 같을 수는 없을 것이다. 반대의 경우도 마찬가지다.

그래서 이럴 때 '이 정도 수준을 몇 점이라고 하자'며 기준을 만든다. 그러면 모든 심사위원들은 그 공통된 기준을 자신만의 것으로 새롭게 '동기화'한다. 이것이 칼리브레이션의 개념이다. 하지만 대회가 며칠씩 이어지다 보면 심사위원단의 구성과 컨디션, 그날의 대진표 등 이런

---

* 쉐도우 심사위원shadow judge 심사 프로토콜을 관리하는 심사위원으로, 헤드 심사위원을 보조하는 역할을 한다.

저런 이유로 인해 기준이 흔들리게 된다. 그때 다시 전날과 점수 기준을 맞추는 것도 칼리브레이션이다. 여기서 헤드 심사위원의 역할은 제3자의 입장에서 그 기준이 흔들리지 않도록 중심을 잡아주는 것이다.

내가 대회 얘기를 할 때 자주 하는 말이, 심사위원도 결국 사람이고, 그렇기 때문에 나타나는 첫 번째 오류가 기준을 지키기 힘들어 한다는 것이다.

심사의 주체가 기계라면 저울 위에 '평가 기준'이라는 추를 올리고 '영점tare' 버튼을 눌러 간단히 칼리브레이션을 할 수 있겠지만, 사람에게는 감성이라는 큰 변수가 있다. 게다가 체력과 기억력 같은 사양도 내 구성이 그다지 좋은 편은 아니다. 보통 대회 예선은 참가 인원이 많기 때문에 2~3일에 나눠서 진행된다. 또 사람이라 하루에 섭취할 수 있는 카페인의 양도 한정적이고, 그래서 여러 명의 심사위원들이 필요하다. 이렇게 다수의 심사위원들이 며칠 동안 심사를 하다 보니 평가 기준은 쉽게 흔들리고 만다.

일례로 예선 첫날 나온 선수들이 처녀 출전이라고 가정해보자. 물론 처녀 출전이라고 해서 꼭 서투르다는 법은 없지만 이들은 대개 관록 있는 선수들에 비해 크고 작은 실수를 저지르기 쉽다. 반면 결선은 그 대회 최고의 실력자들이 출전하는 만큼 역대 파이널리스트들이 경연을 펼치는 경우가 많다. 그런데 예선 첫날 처녀 출전자들 사이에서 과거 파이널리스트에 오른 적이 있는 선수가 시연을 하게 되면 심사위원들은 그 둘의 실력 차이를 필요 이상으로 크게 느끼고, 지나치게 감동한 나머지 만점에 가까운 점수를 줘버린다. 그러다보니 예선 마지막 날 결선 진출 경험이 있는 선수들이 '별들의 전쟁'을 벌이기라도 하면 몇몇 선수들에게는 더 이상 줄 점수가 없어 본의 아니게 편파 심사를 하고 만다.

실력이 비슷한 선수들끼리 경합을 벌일 때의 고충도 있다. 심사위원들이 미세한 차이를 느끼지 못하는 것이다. 아무리 비슷한 실력을 가진 선수들이라고 해도 분명 다르기 마련이다. 예를 들어 첫 번째 시연자가 두 번째 시연자에 비해 에스프레소는 뛰어나지만 카푸치노는 부족한 경우처럼 말이다. 조금 더 깊이 들어가면 첫 번째 시연자보다 두 번째 시연자가 카푸치노에 사용한 커피의 향미는 좋았지만, 스팀밀크

의 상태는 좋지 않은 그런 작은 차이. 전체적으로 실력이 비슷한 선수들이 계속해서 등장하면 어느 정도까지를 같은 점수로, 어디서부터를 다른 점수로 평가해야 할지 그 경계가 모호해진다. 그리고 이를 센서리 심사위원이 잘못 판단했을 때는 소수점대의 근소한 차이로 선수의 다음 라운드 진출 여부가 뒤바뀔 수도 있다.

특히 한국의 국가대표 선발전은 점수 척도의 간격이 좁아 심사를 하기가 더더욱 어렵다. 국내외의 많은 커피대회들이 0~6점이라는 점수 척도를 사용하지만, 한국에서는 유독 2~4점이라는 좁은 점수대를 편애하는 경향이 있다. 6점 만점을 현실에 존재하지 않는 것으로 간주해 심리적으로는 5점 만점이 돼버린다. 게다가 혹시라도 나타날지 모르는 '만점'에 대한 여지를 남겨두기 위해 4점을 최고 점수로 부여하고, 같은 이유로 최저 점수는 2점이 된다. 안 그래도 차이를 벌이기 힘든 비슷한 실력의 선수들이 줄지어 등장하는 예선인데, 점수 폭까지 넓지 않으니 변별력을 가르기가 더 힘들다. 때문에 사실상 한국에서는 헤드 심사위원의 주된 일이 이러한 점수 기준을 확대하고 세분화하는 것이다.

그래서 심사를 할 때는 제공된 음료를 정해진 방식대로 마시면서 단 두 모금의 짧은 순간에 '대회의 기준'을 각각의 평가 항목에 대입해야 한다. 이 부분은 테크니컬 심사에도 동일하게 적용되지만, 한 가지 차이

점이 있다면 센서리 심사와 다르게 테크니컬 심사는 수치화된 자료를 기준으로 시연을 평가한다는 것이다.

테크니컬 심사의 기준은 몇 초, 몇 그램, 몇 밀리리터 등 아주 사실적인 것들이 주를 이루지만, 센서리 심사는 대부분의 판단 근거를 감각에 의존할 수밖에 없다. 만일의 경우 시각 자료를 참고해 내용을 확인할 수 있는 테크니컬과 달리, 센서리는 감각적 경험이 전부기 때문에 내용 확인도, 상황 재연도 불가능하다. 그래서 종목을 불문하고 모든 대회가 통상 테크니컬 심사보다 센서리 심사에 많은 인원을 배정한다. 전 심사 과정을 관장하는 헤드 심사위원이 테크니컬 심사보다 센서리 심사에 시간을 더 할애하는 것도 같은 이유에서다. 2016년도 세계 대회에서는 그동안 두 명이었던 테크니컬 심사위원을 한 명으로 줄인다. 각국 대표들이 출전하는 대회인 만큼 기술적인 실수는 거의 없다는 이유에서였다. 이렇게 대회에서 센서리 심사의 비중은 갈수록 더 높아지고 있다.

지금까지 센서리 심사위원에게 필요한 미각 능력과 칼리브레이션 능력에 대해 설명했지만 진짜 어려운 문제는 그 다음이다. 바로 우리가 인간이기에 느끼는 감정과 객관적인 정보 사이의 연결 고리를 끊는 일이다.

센서리 심사 시트의 평가요소는 크게 '보이는 것'과 '느끼는 것', 그리고 이 두 가지의 '일치성'으로 나뉜다. '보이는 것'에는 선수의 멘트, 기술, 지식, 화법 등이, '느끼는 것'에는 음료의 맛과 향이 해당된다. 마지막으로 '일치성'은 '보이는 것'과 '느끼는 것'이 서로 잘 들어맞는지를 기준으로 선수의 의도가 심사위원에게 얼마나 효과적으로 전달됐는지를 평가한다. 선수가 보여주는 것들은 지극히 객관적인 평가요소인 반면, 심사위원이 느끼는 것들은 눈에 보이지 않기 때문에 이 두 가지가 어긋날 때 일부 심사위원들은 큰 혼란을 겪는다.

대회 때 흔히 볼 수 있는 예를 하나 들어보자. 전문적인 시연을 선보인 선수지만 음료의 맛이 한참 떨어지는 경우와 반대로 기술은 부족했지만 음료의 맛이 깜짝 놀랄 정도로 뛰어난 경우다. 시연에서는 어떻게 이럴 수 있을까 싶을 만큼 참신한 컨텐츠와 손색없는 서비스를 제공했지만 정작 음료가 맛이 없다면? 혹은 기술과 맛이 우열을 가릴 수 없을 정도지만 선수가 소개한 것과 전혀 다른 음료가 제공되었다면? 선수가 제공하기로 한 과일향^{fruity}과 꽃향기^{flowery}가 나는 미디엄 바디$^{medium\ body}$의 커피는 온 데 간 데 없고, 대신 풍부한 다크 초콜릿$^{dark\ chocolate}$과 바닐라^{vanilla} 향미에 무거운 바디$^{heavy\ body}$를 지닌 만점(6점)짜리 커피가 제공되었다면?

당신은 그것을 어떻게 평가하겠는가?

센서리 심사에서는 이러한 요소들을 모두 분리해서 봐야 한다. 심사위원은 선수가 제공하는 객관적인 정보와 자신의 감각적 경험을 구

분할 줄 알아야 하며, 이를 감정적으로 받아들이거나 기호대로 평가하지 않도록 주의해야 한다. 또한 선수의 의도가 얼마나 효과적으로 전달됐으며, 그것이 과연 합리적인 것인지를 볼 줄 아는 시각도 지녀야 한다. 그래서 몇몇 대회에서는 심사위원이 자신의 경험을 기록하는 동시에 선수의 멘트와 일치했는지를 고려하여 점수를 매긴다. 대회마다 다르긴 하지만, 세계 대회의 일부 종목은 결과물 자체와 선수가 자신의 커피를 얼마만큼 이해하고 있는지에 대한 평가가 함께 이루어지기 때문에 아무리 훌륭한 음료를 제공했다 하더라도 그것이 선수 본인의 의도대로 구현된 것이 아니라 우연의 산물이라면 높은 점수를 받지 못한다.

이때 심사위원들의 눈과 귀가 되어주는 사람이 코멘트 칼리브레이터다. 이들은 선수가 시연 중에 제공하는 모든 정보를 기록하는 사람이며, 딜리버레이션deliberation 때는 심사위원들의 요청에 따라 선수의 시연 내용을 알려주기도 한다. 세계 대회에서는 2012년에 이 포지션이 신설됐는데, 그전까지는 센서리 심사위원이 코멘트 칼리브레이터의 몫을 소화해야 했다. 2012년 이전의 대회 영상을 보면 센서리 심사위원들이 뭔가를 연신 적고 있거나, 선수를 바라보면서 손으로는 분주하게 펜을 놀리는 모습을 쉽게 발견할 수 있다. 심사위원의 행동지침상 선수가 최선의 시연을 할 수 있도록 그들과 눈을 마주치며 웃어줘야 하기 때문이다. 그래서 당시 심사위원들은 시연이 후반부로 넘어갈 때나 유난히

멘트가 긴 선수들 앞에서는 '웃는 게 웃는 게 아닌' 표정을 짓곤 했다.

하지만 선수가 심사위원과 일대일로 소통하거나 심사위원에게 특정한 행동을 요구하는 것이 점차 늘어나면서 코멘트 칼리브레이터라는 역할이 새롭게 생겨났다. 오래 전부터 계획된 것인지, 아니면 우연히 시기가 맞아떨어진 것인지는 알 수 없지만 덕분에 선수나 심사위원 모두에게 유연한 대회가 되었다는 것만큼은 분명하다.

그밖에 선수가 의도하지 않은 부분에 대한 정보가 필요할 때는 테크니컬 심사위원이 보조한다. 동시에 추출된 샷을 받은 두 센서리 심사위원들 간의 점수 격차가 크게 나타날 때 테크니컬 심사위원은 헤드 심사위원의 요청에 따라 둘 사이에 추출편차가 없었는지, 누수가 어떤 잔에 들어갔는지 등을 알려준다.

하지만 이렇듯 다양한 장치에도 불구하고 센서리 심사위원들의 책임은 여전히 무겁다. 아무리 여러 사람이 보조를 맞춘다고 해도 심사석에서 선수가 원하는 타이밍에 원하는 방식대로 음료의 맛을 보는 건 오직 센서리 심사위원뿐이기 때문이다. 헤드 심사위원이 자신의 의견을 낼지언정 심사위원 개개인의 경험과 평가 기준을 확인한 후 대략적인 가이드라인만 정해주는 것도 그런 이유에서다. 그는 '대략 몇 점에서 몇 점'이라고 하는 큰 틀을 제시하고, '이 부분은 고민해봤는지?', '앞뒤 선수와 어떤 차이가 있는 것 같은지?' 등의 질문을 던지고 센서리 심사위원들의 생각을 듣는다. 센서리 심사위원들은 선수와 마주보며 그가 하는 이야기를 듣고, 그것이 얼마나 공감할 만한 것이었으며, 음료에도 선명하게 표출되었는지를 말할 수 있는 유일한 사람이기 때문이다. 하지만 그들도 '사람이기 때문에' 오류를 범할 수 있다는 것은 인정해야 한다.

커피 트렌드의 지속적인 변화와 내 안의 변수, 그리고 그 저변에 깔려있는 대회의 기준 사이에서 이리저리 흔들리다 보면 맛을 보는 기쁨은 어느새 잊혀지기도 한다. 하지만 단순히 다른 사람들의 잣대에 나를 맞추는 것이 아니라, 나만의 경험과 확고한 기준을 가지고 조율할 수 있는 입장이 되면 센서리 심사는 더없이 즐거운 일이 된다.

03

심사위원들의
대화,
딜리버레이션

———

과거 내가 심사위원이 아니라 그냥 대회를 구경하는 관객이었을 때, 나는 대회가 왜 그렇게 더디게 진행되는지 이해할 수 없었다. 선수는 준비를 다 마쳤는데, 어째서인지 대회는 좀처럼 재개될 기미가 보이지 않기 때문이다. 하지만 심사를 하는 지금, 나는 대회가 왜 그렇게 촉박하게 진행되는지 의문스러울 때가 있다.

세계 대회의 경우, 선수의 시연이 끝나면 무대 뒤에서는 심사위원들이 각자의 평가 내용을 토대로 토론을 한다. 바로 딜리버레이션

deliberation이다.

　보통 대회장 한편에는 '딜리버레이션 룸'이라는 별도의 공간이 마련돼 있다. 딜리버레이션 룸은 이름 그대로 심사위원들의 딜리버레이션을 위한 공간이다. 쉐도우 심사위원shadow judge은 이곳에 들어와 제일 먼저 심사위원들의 점수를 탈리시트tally sheet에 기록하고 이를 헤드 심사위원에게 건넨다. 여기서 탈리시트란 헤드 심사위원이 점수 편차나 평가 경향을 알기 위해 모든 심사위원들의 점수를 기록하는 시트지를 말한다. 특정 심사위원의 기준이 흔들리고 있는지 아닌지를 판단하는 근거가 이 탈리시트인 것이다. 쉐도우 심사위원이 심사위원들의 어깨 너머로 탈리시트를 기록하는 동안, 헤드 심사위원은 테크니컬 심사위원들과 함께 선수의 기술을 점검한다.

　앞서 심사위원 워크숍에 관한 내용에서도 언급했지만, 딜리버레이션은 심사위원들이 무대 위에서의 경험과 평가 기준에 대해 이야기하는 자리다. 목적은 심사위원 개개인이 놓칠 수 있는 세부사항을 공유함으로써 선수가 당할지도 모르는 불이익을 최대한 줄이는 것, 그리고 심사위원마다 다른 평가 기준을 '대회의 기준'에 맞추는 것이다. 이는 아직까지 대다수의 커피대회에서 '칼리브레이션calibration'으로 더 잘 알려져 있는데, 월드커피이벤트World Coffee Event, WCE에서는 2014년부터 딜리버레이션이라고 바꿔 불렀다. 현재 월드커피이벤트에서 칼리브레이션은 심사위원들이 대회 전에 심사 기준을 맞추는 것을 뜻하는 용어로 쓰인다.

테크니컬 심사의 기준은 상당히 객관적이다. 시연 중에 선수가 흘린 커피의 양이 눈으로 봤을 때 대략 몇 그램이었는지, 도징dosing*을 할 때 커피가루를 몇 번에 나눠 담았으며, 탬핑tamping*은 또 어떻게 했는지, 탬퍼가 어느 방향으로 몇 도나 기울었는지, 두 번의 에스프레소 추출이 시간상 몇 초나 편차가 났는지 등을 살펴보는 것이다.

시연이 끝나면 테크니컬 심사위원은 자신이 본 내용을 다른 한 명의 테크니컬 심사위원과 공유한다. 잘한 점이든 잘못한 점이든 한쪽에서만 보이는 것이 있기 때문이다. 예를 들어 선수가 탬핑을 하는 데 탬퍼가 한쪽으로 기울었다면 측면에서는 그 모습을 볼 수 있지만 정면에서는 볼 수 없다. 커피가루와 커피를 흘리는 등의 실수도 선수의 동작과 속도, 동선, 체격에 따라 한쪽에서는 관찰하기 힘든 경우가 많다.

따라서 테크니컬 심사위원들의 딜리버레이션은 누구의 기준이 맞고 틀리고를 논하는 것이라기보다 서로의 경험을 나누는 것이라고 할 수 있다. 실제로 테크니컬 심사위원의 시트는 대부분 '동작을 제대로 수행했는지 아닌지'를 묻는 Y/N 항목으로 되어 있다. 그리고 전체적인 인상이나 숙련도처럼 0~6점과 같은 점수 척도를 쓸 필요가 있는 몇몇 항

※ 도징dosing **분쇄한 원두를 포터필터에 담는 동작.**
※ 탬핑tamping **도징한 커피를 탬퍼로 평평하게 다지는 동작.**

목들은 헤드 심사위원이 나서서 중재한다.

테크니컬 심사위원들이 토론을 하는 동안 센서리 심사위원들은 코멘트 칼리브레이터와 선수의 멘트를 점검한다. 센서리 심사에도 선수의 행동과 그가 제공한 정보를 객관적으로 평가하는 항목이 있는데, 이때 정보가 누락되면 점수에 영향을 줄 수 있어서 선수의 멘트를 면밀히 살피고 그 내용을 공유하는 것이다. 그렇게 멘트 점검이 끝나면 헤드 심사위원과 본격적인 딜리버레이션에 들어간다.

관능적 경험을 주요 평가 기준으로 삼는 센서리 심사의 특성상 딜리버레이션은 제법 오랜 시간이 걸린다. 또한 자칫하면 심사위원들 간에 미묘한 감정 충돌이 일어날 수 있어 조심스럽다. 테크니컬 심사에서는 심사위원들의 평가 내용에 차이가 있어도 한쪽에서만 보이는 것들이 있기 때문에 비교적 쉽게 조정이 가능하지만 센서리 심사에서는 그것이 심사 능력에 대한 공격으로 받아들여질 여지가 있다. 그래서 단순히 '좋다 나쁘다'가 아니라 혀와 코로 느낀 것을 최대한 세분화한 후 대회 규정에 따라 객관적으로 표현해야 한다.

일례로 바리스타 대회의 심사 기준으로 카푸치노를 평가할 경우, '잘 만들었다', '맛있었다'라는 말은 그저 주관적인 감상에 지나지 않는다. 그래서 커피와 우유의 맛에 어떤 특징이 있고, 질감과 온도는 어땠으며, 커피와 우유의 밸런스는 어땠는지, 선수가 제공한 정보와는 어떤 점이 일치했는지 등을 자세히 풀어쓴다. 그런 다음 각각의 세분화된 평가 기준을 두고 우유가 몇 도였고, 우유거품은 몇 센티미터였는지 등으로 심사 내용을 객관화한다. 그렇게 시트의 모든 항목을 논의하는 데는 꽤나 긴 시간이 소요된다. 그리고 딜리버레이션이 끝나면 심사위원들은 자신의 시트를 다시 정리한다.

심사위원들이 딜리버레이션 룸에 입장했을 때 시트는 전부 채점이 끝난 상태여야 한다. 기억에 의존해서 점수를 기록하는 건 선수에게나 심사위원에게나 리스크가 따르기 때문이다. 하지만 심사 내용은 대회 규정을 바탕으로 최대한 자세히 서술해야 하기 때문에 시트 작성을 무대 위에서 완벽하게 마치기란 사실상 불가능하다. 그래서 테크니컬이든 센서리든, 심사위원들 모두가 시연 중에는 각종 기호나 그림을 활용해 자신만의 방법으로 시트를 작성한다. 때문에 시연 직후의 시트지는 고대 벽화만큼이나 난해해서 의미를 알아볼 수 없는 것이 태반이다. 그래서 심사위원들은 딜리버레이션 룸에 들어와 이를 현대 문명의 언어로 옮겨 적는다. 대회가 끝난 뒤 선수들에게 시트지 사본을 줄 때나 다른 심사위원이 자신의 시트지로 디브리핑^{debriefing}을 할 때 누구나 그 내용을 보고 이해할 수 있어야 하기 때문이다.

다만 그 내용은 반드시 대회의 세부 규정과 평가 항목에 준해야 한다. 이를테면 그저 개인의 취향에 따라 '에스프레소 맛이 좋았다'고 적는 것은 금물이다. '좋다'는 것이 음료의 향미인지 밸런스인지, 아니면 그 안의 세부적인 평가 기준 중 하나인지 정확히 알 수 없기 때문이다. 때문에 작성이 끝난 시트는 다시 한 번 검토한 다음 주최 측에 전달해야 한다.

딜리버레이션은 기본적으로 이렇게 진행되지만 세계 대회와 국내 대회는 약간 차이가 있다. 국내 대회의 선수와 심사위원들은 유학이나 이민 등의 특별한 경우를 제외하면 대부분 같은 국적의 사람들로 구성되어 있다. 때문에 심사위원이 생전 처음 맛보는 커피거나 선수의 시연 주제를 아예 이해하지 못하는 일은 드물다.

하지만 세계 대회는 다르다. 세계 대회에서는 앞으로 커피업계에 새로운 롤 모델이 되어줄 바리스타를 선발한다. 전 세계에서 각국을 대표하는 선수들이 출전하기 때문에 이들이 준비해오는 시연에는 자국의 문화가 담겨있다. 의도적으로 특정 국가에서만 나는 식재료를 활용하거나 그곳의 식문화를 반영하기도 하지만, 선수가 딱히 의도하지 않아도 드러나는 부분이 있다. 에스프레소용 원두의 배전도만 봐도 지역별로 확연히 다르지만, 일부러 의도한 것이라기보다 개개인이 나고 자란 환경이 영향을 미친 결과다.

바로 이러한 문화적 차이가 선수와 심사위원, 그리고 심사위원들 간의 견해 차이를 만들어낸다. 예를 들어 특정 열대우림에서만 자라는 독특한 과일로 음료를 만들어 몇몇 심사위원들의 향수를 불러일으킨다고 했을 때, 선수의 출신 국가나 인접한 나라에서 온 심사위원들의 선호도는 다른 심사위원들과 차이가 날 수밖에 없다.

지역적 특성이 강할수록 심사위원들의 호불호가 크게 갈리며, 이는 고스란히 점수에 반영된다. 이때 헤드 심사위원은 자신만의 기준으로 심사위원들의 의견을 조율한다기보다 어느 선까지를 보편적인 관점에서 받아들일 수 있는지 합의를 이끌어내는 중재자에 가깝다. 세계 대회의 기준이 있긴 하지만 그럼에도 문화권에 따라 다양성이 존재한다는 사실을 부정할 수는 없기 때문이다. 때문에 세계 대회의 심사위원, 특히 센서리 심사위원단에는 선수와 국적이 다른 여러 지역의 심사위원들을 골고루 배정한다.

대회마다 다르지만 이 모든 과정을 거치는 데 주어지는 시간은 20분 남짓이다. 제한된 시간 내에 딜리버레이션을 마쳐야 하다 보니 작업이 덜 끝난 상태에서 다음 라운드의 심사위원들이 호명되면 '5분만!', '3분만!'을 외치며 시간을 벌어달라고 요청하기도 한다. 이 시간이 길어지면 주최 측에서는 시트지를 찾는 무전이 오가며 흡사 전쟁터 같은 분위기가 나기도 한다. 화장실 갈 틈도 없이 서둘러 다음 라운드로 투입되는 바람에 시연 내내 심사석에 앉아 다리를 꼬고 버티는 심사위원들도 있다.

예선과 본선 심사는 심사위원들을 여러 팀으로 나눠 이루어지기 때문에 딜리버레이션이 대회의 진행을 방해하는 경우는 드물다. 하지만 심사위원단을 하나만 운영하는 결선 심사에서는 딜리버레이션이 길어질수록 선수의 대기 시간도 늘어난다.

그리고 그 공백을 메워주는 것은 전적으로 무대 위의 이벤트 매니저와 사회자의 역할이다. 선수를 세워놓고 난데없이 애인의 안부나 날씨를 묻는 그들을 너무 원망하진 말기 바란다. 무대 뒤의 심사위원들에게 귀한 시간을 벌어주는 고마운 분들이니 말이다. 일분일초를 다툴 만큼 분분한 의견이 오가고 공정한 심사를 위해 전쟁터가 되어가는 무대 뒤를 떠올려보자. 그러면 지루한 대기 시간이 조금은 더 흥미로워질지도 모른다.

04
———

선수들을
다시 만나는 시간,
디브리핑

———

대회에서 무대 시연이 선수를 긴장시키는 순간이라면, 무대 뒤의 심사위원을 긴장시키는 순간도 있다. 다름 아닌 디브리핑debriefing이다.

디브리핑은 선수가 자신의 심사 내용이 적힌 시트를 보고 심사위원에게 직접 시연에 대한 평가를 듣는 시간이다. 보통은 선수와 코치가 함께 한두 명의 심사위원에게 평가를 듣는다. 이 시간에 선수는 자신의 시연과 대회 전반에 관해 질문할 수 있고, 그러면 심사위원은 다른 선수의 심사 결과와 같은 민감한 내용을 제외하고 답변을 해준다. 이처럼 디브리핑은 선수가 제3자의 시각에서 시연을 재검토하고, 그동안 미처 알지 못했던 자신의 습관이나 실수를 발견하여 앞으로의 발전에 도움을 얻을 수 있게 하려는 건설적인 목적을 가지고 진행된다.

하지만 대다수의 선수들이 결코 달갑지 않은 기분으로 디브리핑에 임한다. 왜냐하면 선수의 최종 시연 결과가 디브리핑으로 이어지기 때문이다. 쉽게 말해 우승자가 아니고서야 디브리핑은 탈락한 시연의 결과를 듣는 자리밖에 안 된다는 것이다.

특히 세계 대회에서는 이 '달갑지 않은 기분'이 크게 고조되곤 한다. 그도 그럴 것이 각국을 대표하는 최고의 선수들에게 세계 대회의 평가는 무척이나 냉정하고 때로는 납득하기 어려울 만큼 엄격하기 때문이다.

많은 선수들이 디브리핑으로 인해 한껏 분노하거나 낙심하는데, 언성이 높아지거나 눈물바다가 되는 일도 적지 않다. 어떤 선수가 기물을 모조리 버리고 홀연히 사라졌다던가, 거세게 항의했다던가 하는 해프닝들이 심사위원들 사이에 회자되기도 한다. 어떤 식으로든 심사 결과에 책임을 져야 할 때이기 때문에 디브리핑을 달가워하지 않는 심사위원들도 많고, 나 또한 그랬다.

내가 처음으로 디브리핑에 참여한 것은 한 라떼아트 대회에서였다.

내 첫 번째 디브리핑 상대는 자신이 세계 대회에 참가했다는 사실에 흥분했고, 기대치를 상회하는 높은 점수를 보고 매우 놀라워했다.

아주 가끔씩 이런 반응을 보이는 선수들이 있는데, 대개 국내 대회의 역사가 짧은 나라의 대표거나 경력이 그리 길지 않은 선수들이다. 어찌어찌하다가 나름의 재치와 순발력으로 얼떨결에 국내 대회에서 우승을 하고, 세계 대회라는 큰 무대에 섰다는 것 자체가 한없이 기쁜 선수들.

솔직히 이런 선수들의 시연이 대단히 새롭거나 압도적인 경우는 별로 없지만, 디브리핑 룸에서 이들을 만났을 때만큼 심사위원으로서 큰 보람을 느끼는 순간도 없다. 그들이 잘 모르고 있었던 세계 대회의 규정과 평가 관점을 공유하고, 내년에는 조금 더 발전된 모습으로 찾아오겠다고 약속하며 악수를 나누고 헤어지는 그 순간 말이다. 그리고 다음 해에 진짜로 성장해서 돌아온 그 선수를 다시 만났을 때는 소름이 끼치는 듯 짜릿한 쾌감마저 든다.

내가 디브리핑에서 만난 첫 번째 선수가 그런 선수였다.

반면 두 번째 디브리핑 상대는 무대에서 뛰어난 기술을 보여준 선수였다. 당시 그가 첫 번째 커피를 테이블 위에 올려놓았을 때는 정말이지 환호성이라도 지르고 싶은 심정이었다. 이제껏 한 번도 본 적 없는 창의적인 패턴이 작은 커피 잔 안에 담겨있었기 때문이었다. 그때의 감동은 아직도 생생할 정도라 그의 예선탈락 소식은 그가 선보인 실력만큼이나 놀랍고 충격적이었다.

사실 그의 참신한 기술과 높은 창의력에 비해 결과물은 그다지 좋지 못했다. 라떼아트를 할 때 사용하는 스팀밀크는 우유에 고온 고압의 스팀을 가해 미세한 거품을 만든 것인데, 시간이 지나고 온도가 변하면 이 스팀밀크가 빠른 속도로 파괴되기 때문에 라떼아트는 밀크 스티밍을 하고 나서 최대한 신속하게 시연을 마치는 것이 중요하다.

또한 라떼아트 대회에서는 동일한 패턴이 그려진 커피를 두 명의 심사위원에게 각각 하나씩 제공해야 하며, 이때 두 잔이 유사할수록 해당 평가 항목에서 높은 점수를 받는다. 그런데 이 선수는 커피 한 잔을 너무 오랫동안 만들었고, 그사이 우유거품의 상태가 망가져 한 잔이 다른 잔에 비해 낮은 평가를 받게 되었다. 그럼에도 훌륭한 시연이었기 때문에 나는 어쩌면 그를 결선에서 다시 보게 될지도 모른다고 생각했다.

디브리핑 시간 내내 그는 많은 얘기를 하지 않았고, 그저 내가 하는 모든 설명을 작은 노트에 꼼꼼히 기록하기만 했다. 궁금한 것이 없냐는 질문에 그는 대답 대신 수고했다는 인사를 건넸고, 나는 "내년에 더 좋은 결과가 있길 바란다"고 말했다. 그러자 그가 이렇게 이야기했다.

"저도 정말 그랬으면 좋겠습니다. 하지만 내년에 이곳에 또 올 수 있을 거라는 자신이 없습니다."

나는 머리를 한 대 세게 얻어맞은 기분이었다.

그때까지도 나는 선수들이 국가대표라는 사실을 잊고 있었던 것 같다. 그들이 뚫고 왔을 치열한 경쟁과 국가대표로서의 중압감은 내가 감히 상상도 못할 것이고, 그만큼 탈락이라는 결과도 받아들이기 힘들다는 것을 미처 깨닫지 못했다.

그 얘기가 자신의 실력에 대한 회의였는지, 아니면 두 번 다시 이런 일을 견뎌내지 못할 것 같다는 의미였는지는 알 수 없었지만 나는 주제넘게 반문하거나 어설프게 위로할 수 없었다.

그러자 뭐라 형용할 수 없는 복잡한 마음이 들었다. 선수들의 슬픔과 좌절이 오롯이 내 탓인 것만 같았다. 그리고 문득 두려운 의문이 들었다.

'내게 그들을 심사할 자격이 있을까?'
'과연 그들이 수년간 기울여 온 노력을 평가할 자격이 있을까?'
'나는 내 심사 결과에 책임질 수 있을까?'

스스로 던졌던 이 질문에 나는 너무나 혼란스러워졌다. 만약 내가 그 순간을 잘 넘기지 못했다면 나는 아마 더 이상 심사석에 서지 못했을지도 모른다.

금방이라도 왈칵 눈물이 쏟아질 것만 같아 한쪽 구석에서 눈을 깜빡거리고 있는데 한 심사위원이 내게 말을 걸어왔다. 그는 나와 함께 심사를 봤던 심사위원이었는데, 나보다 훨씬 오랫동안 대회 심사를 해온 베테랑이었다. 그와 이런저런 이야기를 나누다 물었다.

"자신의 심사 결과에 의구심을 가져본 적은 없나요? 심사를 하면서 자신 없었던 적도 없나요?"

"누군가를 잘못 평가했다고 생각해요? 디브리핑을 하다 보니 선수들의 점수가 실제 시연과 맞지 않았어요?"

"아뇨. 그런 건 아니에요. 단지 자신이 없어졌어요. 심사위원도 사람이잖아요? 사람이라면 늘 실수를 하는데, 선수는 그렇다 쳐도 심사위원은 그러면 안 되니까요. 정말 근소한 차이로 선수들의 당락이 좌우되는데, 내게 그런 걸 결정할 자격이 있을까요? 어쩐지 자신 없어졌어요."

그는 과장된 몸짓으로 가슴을 쓸어내리며 호탕하게 웃었다. 혹여나 내가 편파 심사를 했다고 양심선언을 하면 어쩌지 걱정했다는 말과 함께.

"결선에 오르는 선수는 당신이 선택하는 게 아니에요. 당신은 정해진 기준에 맞게 평가를 했고, 다른 비주얼 심사위원^{visual judge}과 헤드 심사위원이 동의했기 때문에 결선 행이 정해진 거죠. 선수가 테크니컬 쪽에서 점수가 부족했을 수도 있어요. 그 모든 결과를 종합해서 가려내는 것이지 누구 한 명이 정하는 게 아니에요. 예상치 못한 사람이 올라가거나 떨어졌다고 해서 죄책감을 느낄 필요는 없어요. 우리가 책임감을 가져야 할 부분은 자신의 멘트와 평가 기준뿐이에요."

그리고 그는 또 이런 말을 했다. 말 그대로 심사위원도 사람이니까 때로는 실수가 있을 수 있다고. 하지만 그 실수는 감정에서 비롯되는 것이기 때문에 눈앞에 벌어진 일 자체에만 집중하면 오류를 줄일 수 있다고.

'거품의 상태가 좀 더 좋았으면 좋겠다'가 아니라 '지름이 몇 센티미터인 크고 거친 거품이 잔의 어느 부분에 얼마나 있다'는 식으로 사실을 있는 그대로 바라볼 줄 알아야 한다는 것이었다. 다만 그때 심사위원은 대회의 기준에서 벗어나지 않고 논리적이어야 하며, 언제나 형평성을 지켜야 한다고 했다. 그것이 흔들리지 않도록 노력하는 것이야말로 심사위원에게 주어진 책임이자, 심사위원으로서 자신감을 잃지 않는 방법이라는 말도 덧붙였다.

그날의 짧은 대화는 그 후로도 심사위원으로서 혼란스럽고 힘이 들

때마다 나를 다그쳐주었다. 나는 선수가 최상의 시연을 위해 노력하는 만큼 심사위원도 그것이 잘된 것이건, 잘못된 것이건 그들이 준비한 모든 것을 알아채줘야 할 책임이 있다고 생각한다.

심사위원도 사람이기에 완벽할 수는 없겠지만 다음 대회를 앞두고 있는 일 년은 완전한 심사에 다가서기 위한 준비기간이어야 한다. 선수가 세심하게 준비한 작은 디테일 하나도 놓치지 않는 눈썰미와 확고한 자신감, 그리고 객관적인 평가 기준을 마련하는 시간 말이다. 그런 점에서 대회는 주인공인 선수들뿐 아니라 엑스트라인 심사위원들에게도 충분한 가치가 있다.

05

무대 위의
바리스타

무대 위로 쏟아지는 조명과 뜨거운 박수갈채. 심사위원들에게 둘러싸여 자신 있게 나만의 커피를 이야기하고 시상식의 마지막 순서에는 내 이름이 호명되는 것. 대회에 출전하는 바리스타라면 누구나 한번쯤 그 순간을 꿈꾼다.

바로 바리스타 챔피언이 되는 순간이다.

꿈에도 그리는 이 순간을 위해 바리스타들은 상상할 수 없을 만큼 많은 시간과 비용, 그리고 노력을 투자한다. 그 비용은 적게는 200~300만 원에서 많게는 수천만 원에 이르며, 시간은 짧으면 한 달,

길면 10년 가까이 걸리기도 한다. 대회 준비를 이유로 연인이나 친구를 잃고, 사회생활을 포기하는 경우도 적지 않다. 수년간 대회에 출전했던 한 바리스타는 "내가 대회에 나가지 않았더라면 지금쯤 매장을 몇 개는 차렸을 것"이라고 한탄한 적도 있다. 그리고 나는 그 말에 한 치의 과장도 없다는 것을 알고 있다.

가끔씩 의문이 들 때가 있다. 대회에는 어떤 마성이 있길래 그들을, 그리고 우리를 이토록 열광시키는 것일까 하고 말이다.

또 한번쯤은 그들에게 묻고 싶다. 도대체 무엇 때문에 대회에 나오는 것이냐고.

선수들은 매년 나름의 기술과 구성을 가지고 대회에 참가한다. 자신이 구할 수 있는 최고의 커피로 최고의 음료를 만들려고 노력한다. 세상에서 가장 아름다운 라떼아트를 선보이기도 하고, 멋진 모습을 보여주기 위해 값비싼 기구를 구입하기도 한다. 하지만 정작 자신이 대회에 출전한 이유에 대해서 들려주는 이들은 드물다.

내가 대회 심사를 시작한 이래로 다른 심사위원들이나 선수들에게 가장 많이 듣고, 또 했던 말은 아마 '규정집을 보면'이라는 말이 아닐까 싶다. 몇몇 대회의 진행 규정rules and regulation을 보면 아무도 신경 쓰지 않는 도입부에 이런 내용의 글이 적혀있다.

'대회에 참가하는 선수들은 대회를 대표하는 인물이자 스페셜티 커피산업의 롤 모델 역할을 한다.'

일부 평가 항목에는 '대회를 통해 다른 사람들에게 영감을 줄 수 있어야 한다'는 내용도 있다.

그중에서도 세계 대회는 단지 기술만 뛰어난 바리스타가 아니라, 투철한 서비스 정신과 풍부한 지식을 가지고 커피업계에 새로운 목소리를 낼 수 있는 바리스타를 뽑는 자리다. 이 점은 대회 종목이 무엇이든 간에 별반 다르지 않다. 대다수 대회들이 앞으로 스페셜티 커피업계의 새 지평을 여는 데 기여할 수 있는 남다른 시각을 지닌 바리스타를 찾는다. 기술적으로든 사상적으로든, 사람들이 따를 만한 새로운 패러다임을 제시하는 롤 모델 말이다.

때문에 대회의 모든 진행 규정과 심사 기준은 이러한 바리스타를 선발한다는 하나의 목적에 맞게 구성되어 있다. 그래서 커피를 만드는 기술과 서비스부터 음료의 맛과 바리스타의 의도, 그것을 전달하는 능력까지 다각도에서 시연을 평가한다.

음료의 맛이나 바리스타의 테크닉이 중요하다는 사실을 부정하진 않겠다. 어찌됐든 입에 들어갈 음료를 만드는 대회이기 때문이다. 그러나 맛있는 음료를 찾는 것이 대회의 유일한 목적이라면 거기에 얽힌

구구절절한 설명은 굳이 필요가 없을 것이고, 또 단순히 유식한 바리스타로 인정받기 위함이라면 종이필터 한 장도 쓸 필요가 없을 것이다.

하지만 10여 분의 시연에는 어마어마한 양의 기물이 사용된다. 그러므로 선수들은 당연히 그것을 왜 가지고 왔는지 설명해야 한다. '어떻게how'가 아니라 '왜why' 말이다. 물론 때에 따라서는 '어떻게'에 해당되는 기술이 경이로울 정도라 시연 그 자체로 사람들에게 전달하고자 하는 주제가 되기도 한다. 그럼에도 어째서 그런 방식을 택한 것인지 그 의도를 설명할 수 있어야 한다.

같은 이유에서 '대회용 커피'라는 것도 없다. 대회를 앞두고서는 '대회에 맞는 커피'나 '대회에서 좋은 성적을 받는 커피'에 관한 질문을 자주 받곤 한다. 하지만 대회란 선수 스스로가 다른 사람들과 공유하고 싶은 비전을 커피를 통해 이야기하는 시간이다. 자신이 생각하는 커피업계의 이상향을 제시하고, 시연을 통해 그 아이디어가 훌륭하게 완성된 형태를 보여준다. 때문에 대회에 맞는 커피라는 것은 선수가 어떤 것을 이야기할지에 따라 다르며, 그 의도를 효과적으로 표현할 수 있는 커피가 각자에게 가장 좋은 '대회용 커피'라고 할 수 있다. 그런 점에서 음료의 맛과 기술은 전달력을 높이는 수단이라고 볼 수 있다.

심사위원은 재료부터 기구와 기술, 레시피, 그리고 맛까지 선수가 선택한 모든 것에 '왜'라는 질문을 던진다. 선수는 많고 많은 커피 중에 왜 그 재료와 기구를 선택했는지, 그리고 왜 그런 방법으로 그런 맛을 냈는지 대답할 수 있어야 한다. 그저 최고의 재료와 값비싼 기구, 최신 기술만을 이야기하는 선수들의 모습을 보면 '그들은 무슨 이유로, 어떤 얘기를 하고 싶어서 그 많은 희생을 치르고 여기에 와있는 것일까' 하는 의문이 든다. 솔직하게 얘기하면 대부분의 선수들은 '우승하고 싶다'는 말을 할테고, 시연 역시 '우승하기에 유리하게끔' 준비했을 것이다.

그럼에도 자신이 꿈꾸는 최종 무대에서 꼭 전하고 싶은 진심이 있지 않을까? '이 자리에 서는 게 꿈이었으니 더 이상 여한도, 보여줄 것도 없다'고 말할 게 아닌 이상 말이다.

선수들의 진심에는 묘한 힘이 있다. 아무리 서툴더라도 자신이 정말로 하고 싶었던 이야기에서 출발한 시연은 오래 기억된다. 반대로 맛있는 음료와 완벽한 기술을 선보였어도 커피의 생산 고도나 화려한 향미 프로파일로 가득 채워진 시연은 어째서인지 기억이 잘 나지 않을 때가 있다. 그건 아마도 시연이 일관된 흐름으로 연결되지 않아서일 것이다. 많은 선수들이 대회를 준비할 때 주변에서 구할 수 있는 커피 중가장 품질이 좋은 것을 골라 거기에 맞는 재료를 섞고, 그럴듯해 보이는 기술을 입혀 시연 시간을 채운다. 하지만 이런 식으로 구성된 시연은 거듭되는 '왜'라는 질문에 금새 구멍이 나 버린다. 때문에 나중에 맛있는 음료 한 잔은 다시 생각날지언정 바리스타의 얼굴은 좀처럼 떠올리지 못하고 물음표로 남곤 한다. 이마저도 음료가 아주 훌륭했을 때의 얘기다. 솔직히 말해 요즘 대회는 선수들의 수준이 워낙 높아서 압도적인 실력 차이가 나는 경우는 드물다.

몇몇 선수들은 그 미미한 실력 차이를 '산지'라는 키워드로 메우기도 한다. 2011년 월드바리스타챔피언쉽World Barista Championship, WBC에서 엘살바도르의 알레한드로 멘데즈Alejandro Mendez가 우승한 것을 기점으로, 이전과는 비교도 할 수 없을 정도로 많은 바리스타들이 산지로 향했다. 하지만 그들은 생두 전문 바이어도 아닌 자신이 산지로 향한 진짜 이유를 진지하게 고민해본 적이 있을까? 그 이유가 막연한 동경이나 무언가 답이 있을 것 같다는 환상 때문은 아니었을까?

가만히 생각해보면 오래 전부터 산지에 대한 이야기는 시연에 빠지지 않고 등장해왔다. 그러나 많은 바리스타들을 산지로 이끌었던 매력적인 선수들은 '산지'라는 키워드를 자신만의 시각으로 해석했을 뿐이었다. 그것도 매우 간결하고 분명하게 말이다. 그리고 그들의 새로운 시각은 사람들의 마음을 사로잡는 데 성공했다. 어쩌면 우리를 '홀렸던' 그 매력은 공감을 이끌어내는 그들의 전달력이었을지도 모른다.

그 수단이 지식이든 기술이든 맛이든, 혹은 '산지'라는 키워드든 자신의 비전을 설득시키는 능력. 결국은 그것이 마지막까지 보고 싶은 바리스타를 만드는 진짜 힘이 아닐까 싶다.

국내외 커피대회 살펴보기

국내 대회

1 한국바리스타챔피언십
Korea Barista Championship, KBC

매년 11월 서울카페쇼에서 열리는 바리스타 대회로 국내에서 가장 오랜 역사를 지닌 커피대회다. 참가 선수는 주최 측에서 제공한 싱글 오리진 원두를 개별적으로 블랜딩하여 주어진 시간 내에 에스프레소, 카푸치노, 창작음료를 만들어야 한다. 바리스타들의 등용문과 같은 대회이며, 이밖에도 마스터오브커핑Master of Cupping, MOC과 한국TEAM바리스타챔피언십Korea Team Barista Championship, KTBC이 동시 개최된다.

2 월드커피챔피언십 한국국가대표선발전
World Coffee Championship of Korea, WCCK

월드커피이벤트의 전 종목과 월드사이포니스트 챔피언십에 출전할 한국 대표를 선발하는 대회다. 우승 시 국가대표 타이틀을 얻게 되며, 우승자에게는 세계 대회 출전권과 출전경비가 지원된다는 점에서 호응도가 높다.

3 골든커피어워드
Golden Coffee Award

로스팅에 특화된 대회로, 국내 커피 로스터들의 권익증진을 목표로 한다. 참가 선수가 실제 매장에서 사용하는 원두를 홍보할 수 있다는 점에서 반응이 좋다. 에스프레소를 비롯하여 베리에이션 커피와 필터 커피, 싱글 오리진 커피 등 다양한 종목으로 나뉘어져 있으며, 현장에서 직접 로스팅을 하는 형식의 대회도 진행된다.

4 월드슈퍼바리스타챔피언십
World Super Barista Championship

커피의 맛과 함께 라떼아트를 평가하는 대회다. 주로 개인전으로 진행되는 여느 대회와 달리 단체전 부문이 있다. 학생과 장애인 등 참가 대상의 폭이 넓다는 것이 가장 큰 특징이며, 우승자에게는 비교적 많은 금액의 우승 상금이 수여된다.

최근 국내외에서는 수많은 커피대회가 치러지고 있다. 각 대회는 종목과 취지는 물론 평가 방식 또한 다르게 되어 있다. 이중 가장 잘 알려진 몇 가지를 살펴보자.

세계 대회

5 BAOK바리스타챔피언십
BAOK BARISTA CHAMPIONSHIP

한국바리스타협회Barista Association Of Korea에서 주관하는 바리스타 대회로, 2006년부터 매년 개최되고 있다. 참가선수는 본인이 직접 로스팅한 원두와 주최 측에서 준비한 공식원두 중 한 가지를 선택할 수 있으며, 10여 분의 시연시간 동안 에스프레소와 카푸치노를 각각 4잔씩 만들어 심사위원에게 제공해야 한다.

1 월드커피이벤트
World Coffee Event, WCE

50여 개국의 선수들이 참가하는 세계 최대 규모의 커피대회. 2000년 바리스타 대회인 월드바리스타챔피언쉽을 시작으로 현재 다양한 종목의 대회가 개최되고 있다.

❶ 월드바리스타챔피언쉽
World Barista Championship, WBC

월드커피이벤트의 대회 중 가장 오랜 역사와 높은 인지도를 지닌 종목으로, 이탈리아 에스프레소를 기반으로 한 대회다. 선수는 15분의 시연 시간 동안 에스프레소와 우유가 들어간 커피음료, 에스프레소를 활용한 창작음료를 각각 네 잔씩 만들어 제공해야 하며, 이를 네 명의 센서리 심사위원, 한 명의 테크니컬 심사위원(국가대표 선발전은 두 명), 한 명의 헤드 심사위원이 평가한다. 에스프레소 머신을 제외한 커피, 잔, 기물 등은 선수가 직접 준비해와야 한다.

❷ 월드컵테이스터스챔피언쉽
World Cup Tasters Championship, WCTC

커퍼들을 위한 종목으로, 세 잔의 커피 중 다른 것을 하나 골라내는 방식으로 진행된다. 세 잔씩 총 여덟 세트의 문제가 출제되며, 제한 시간 8분 안에 가장 많은 정답을 빠르게 맞추는 선수가 높은 등수에 랭크된다. 2011년도 대회 때 커피 맛을 보지 않고 육안으로만 답을 골라낸 선수가 우승한 후로, 반드시 맛을 봐야 한다는 규정이 새로 추가되었다.

❸ 월드라떼아트챔피언쉽
World Latte Art Championship, WLAC

커피 맛을 제외하고 라떼아트의 심미성만 평가하는 종목이다. 대회는 크게 무대 위에서 선수가 직접 심사위원들에게 라떼를 제공하는 무대 시연과, 현장에서 만든 라떼를 사진으로 찍어 제출한 후 익명으로 평가받는 아트 바art bar로 구성되어 있다. 무대 시연에서 참가 선수는 푸어링pouring(스팀피처를 흔들며 스팀밀크를 붓는 방식) 기술만 이용하는 프리푸어free pour 라떼와, 에칭etching(송곳처럼 끝이 뾰족한 도구로 우유거품 위에 그림을 그리는 방식)과 파우더, 색소 활용이 가능한 디자이너 라떼designer latte를 제공해야 한다. 결선에서는 프리푸어 마끼아또가 추가된다. 심사에는 두 명의 비주얼 심사위원과 한 명의 테크니컬 심사위원, 한 명의 헤드 심사위원이 참여한다.

❹ 월드브루어스컵
World Brewers Cup, WBrC

푸어오버pour over(핸드드립 같은 일반적인 커피 추출방법)의 유행에 힘입어 시작된 종목으로, 선수는 기계의 힘을 빌리지 않은 추출법으로 커피를 만들어 제공한다. 대회는 무대 위에서 시연하는 오픈 서비스open service와, 추출된 커피를 밀실에서 익명으로 평가받는 의무 서비스compulsory service로 구성된다. 센서리 심사위원 세 명이 맛을 보면, 헤드 심사위원이 이를 중재한다. 테크니컬 심사위원은 따로 없다.

❺ 월드커피인굿스피릿챔피언쉽
World Coffee In Good Spirit Championship, WCIGSC

위스키를 베이스로 한 아일랜드의 아이리쉬 커피Irish coffee를 컨셉으로 기획된 종목이다. 선수는 아이리쉬 커피와 함께 알코올이 들어간 따뜻한 음료와 차가운 음료를 만들어 두 명의 센서리 심사위원에게 제공해야 한다. 현재는 예선에서 아이리쉬 커피를 제공하는 부분이 삭제됐다.

❻ 월드커피로스팅챔피언쉽
World Coffee Roasting Championship, WCRC

2013년 처음으로 공식 대회가 열린 신생 종목으로, 선수들의 생두 등급 평가와 로스팅 프로파일 설계능력, 실제 로스팅 능력을 두루 평가한다. 대회는 총 3일간 진행되며, 마지막 날은 선수가 제출한 원두를 맛보는 방식으로 진행되는데, 이때 선수도 맛을 볼 수 있게 한다는 점이 독특하다.

❼ 월드체즈베/이브릭챔피언쉽
World Cezve/Ibrick Championship, WCIC

터키쉬 커피인 체즈베 커피를 기반으로 한 종목이며, 선수는 물과 곱게 분쇄한 원두로 만든 기본적인 체즈베 커피와 창작음료를 제공한다. 심사에는 두 명의 센서리 심사위원, 두 명의 테크니컬 심사위원, 그리고 한 명의 헤드 심사위원이 참여한다. 2011년에는 한국 최초로 세계 대회 우승자인 배진설 바리스타를 배출한 종목이기도 하다.

2 월드사이포니스트챔피언쉽
World Siphonist Championship, WSC

커피 추출기구의 일종인 사이폰을 이용해 블렌드 커피와 창작음료를 만드는 대회. 매년 일본 최대 규모의 커피 박람회인 SCAJ 연례전시 행사장에서 열린다. 처음에는 일본의 국내 대회로 시작했지만 규모가 점차 확대되면서 이제는 세계 대회로 진행하고 있다.

3 월드에어로프레스서킷
World Aeropauses Circuit, WAC

에어로프레스의 다양한 추출법을 소개하는 대회. 공식 홈페이지를 통해 '커피업계에서 기반을 마련하고자 하는 바리스타는 월드바리스타챔피언쉽에 참가하길 바란다'고 할 만큼 무엇보다도 즐거움을 최우선으로 한다. 토너먼트 형식의 대회이며, 커피 추출에 필요한 각종 기물과 원두 등은 모두 주최 측에서 제공한다.

4 얼티밋바리스타챌린지
Ultimate Barista Challenge, UBC

스페셜티 커피를 미식의 한 분야로 식품업계에 진출시키는 것을 목표로 하는 대회다. 커피에 그림을 그리는 라떼아트 챌린지와 블렌더를 이용해 커피음료를 만드는 에스프레소 프라페 챌린지, 알코올이 들어간 커피음료를 만드는 에스프레소 칵테일 챌린지, 그리고 일반적인 커피 추출을 평가하는 베스트 오브 브루 챌린지 부문으로 나뉘어져 있다.

5 커피페스트
Coffee Fest

미국과 아시아의 주요 도시에서 개최되는 '커피페스트'의 부대행사로 라떼아트 챔피언쉽과 베스트 커피하우스, 베스트 에스프레소 경연이 열린다. 이중 라떼아트 챔피언쉽은 토너먼트 방식으로 3일 동안 진행되며, 참가선수는 제한시간 3분 안에 한 가지 라떼아트를 완성하고, 심사위원 세 명 중 두 명의 표를 받아야 다음 라운드로 진출할 수 있다.

06
———

보는 재미가 있는
라떼아트 대회

———

   국내외의 대다수 커피대회에는 큰 맹점이 하나 있는데, 바로 관객보다는 참가자나 관계자들이 대회를 더 즐긴다는 점이다.

   사실 에스프레소든 브루잉이든 커피대회는 구경하는 사람이 그다지 큰 흥미를 느끼지 못한다. 일단 커피 맛을 볼 수가 없으니 선수들이 이런저런 맛이 난다고 해도 도대체 무슨 소리인가 싶기 때문이다.

   그러면 보는 재미라도 있어야 하는데, 커피라는 음료는 특성상 시커먼 액체 형태를 벗어나기가 어려워 다른 요리나 디저트처럼 화려한 볼거리가 없다. 재료를 지지고 볶는 소리나 맛있는 냄새가 나길 하나,

후루룩 맛있게 먹고 리액션을 하는 심사위원이 있길 하나. 그러다보니 커피업계 종사자가 아니고서는 도무지 즐길만한 구석이 없는 게 바리스타 대회다.

그래서 월드커피이벤트World Coffee Event, WCE는 관객들의 보는 재미를 위해 몇 가지 종목을 대회에 추가했는데, 그중 가장 인기 있는 종목은 역시 라떼아트다. 라떼아트 대회는 경기 시간이 짧은 만큼 진행 속도가 빠르고, 대형 화면을 통해 하얀 우유거품으로 커피에 그려지는 그림을 감상할 수 있어 관객이 몰입하기 쉽다.

한국에서 라떼아트를 개별 종목으로 채택한 것은 2011년부터다. 물론 그전에도 한국 선수들이 계속 세계 대회에 나가긴 했지만 따로 국가대표 선발전을 치러 선발한 선수가 아니라 바리스타 대회의 파이널리스트가 출전한 것이었다.

한국은 2011년부터 2015년까지 총 다섯 번의 월드라떼아트챔피언십World Latter Art Championship, WLAC에서 무려 네 차례나 파이널리스트를 배출한 상위권 국가다. 이렇듯 라떼아트 대회는 통산 점수가 좋다 보니 우리나라 바리스타들 사이에서도 인기가 높은 편이다. 또한 시각적으로도 보는 재미가 있어 바리스타 대회 다음으로 많은 관객이 모인다.

선수들의 전문 지식과 기술을 중점적으로 보는 바리스타 대회에 비해 라떼아트 대회는 심사 기준도 일반 소비자들의 즐거움을 많이 반영하고 있다. 이 부분이 극단적으로 드러난 것이 라떼아트 대회의 비공개 심사 부문인 '아트 바art bar'다.

라떼아트 대회는 크게 무대 시연과 아트 바로 구성된다.

무대 시연은 선수가 준비해 온 사진을 현장에서 재현하는 방식으로 진행된다. 선수는 패턴 하나당 두 잔의 커피를 만들고 심사위원은 기술의 난이도와 패턴의 완성도 등을 다각도로 평가한다. 이때 선수가 미리 준비해 온 사진과 실제로 만든 두 잔의 커피가 동일하지 않으면 높은 점수를 받을 수 없다. 무대 시연은 예선과 결선으로 나뉘며, 아트 바는 그 사이에 치러진다.

아트 바는 이름 그대로 라떼아트의 예술성을 평가하는 것이다. 주어진 시간 동안 선수가 자유롭게 라떼아트를 연습하다가 제일 마음에 드는 커피를 한 잔 제출하면, 그 자리에서 포토그래퍼가 찍은 사진이 선수가 누군지 알 수 없게 코드화되어 밀실에 있는 심사위원들에게 전달된다. 아트 바의 심사위원은 총 네 명이며, 그들 가운데 한 명은 일반인이나 예술계 종사자다. 심사위원들은 잠깐 동안 사진을 본 다음 2분 남짓한 짧은 토론을 거쳐 최종 점수를 매긴다.

아트 바에 배치될 심사위원은 주최 측의 추천을 받아 비공개로 선발되며, 심사위원들 사이에서도 비밀에 부친다. 대회가 모두 끝나고 나서 디브리핑debriefing을 할 때까지 선수가 아닌 이상 아무도 심사위원단을 알 수 없다. 나 역시 2012년 국내에서 열린 월드라떼아트챔피언쉽 때 아트 바 심사를 맡았는데, 일정을 들은 건 대회 전날의 늦은 저녁이었다. 그리고 당일 심사실에 들어갈 때까지도 다른 심사위원들이 누군지 알지 못했다.

라떼아트의 난이도와 완성도 같은 전문성을 위주로 평가하는 무대시연과 달리, 아트 바에서는 오로지 패턴의 창의성creativity과 심미성visual appeal만 평가한다. 이중 창의성은 선수의 전문성이 비교적 큰 영향을 끼친다. 기존에 잘 알려지지 않았던 그 선수만의 독창적인 패턴이거나 새로운 기술을 구사했을 때 높은 점수를 받기 때문이다. 그러므로 심사위원은 짧은 시간 안에 사진만 보고도 선수의 패턴과 기술이 특별한지 아닌지를 판단할 수 있을 정도로 기본적인 배경지식이 있어야 한다. 다만 국가나 지역마다 선호하는 패턴과 주로 사용하는 기술이 다르기 때문에 심사위원의 출신에 따라 참신함과 진부함을 가르는 기준은 다소차이가 있다. 심사위원이 한 국가나 지역 출신으로 편중되면 일부 선수에게 불이익이 생길 수 있으므로 심사위원단은 서로 출신이 다른 심사위원들로 구성된다.

창의성보다 흥미로운 평가 항목은 심미성으로, 이는 유명 작가들의 작품처럼 고차원적인 예술성을 따지는 것이 아니라 단순히 보기에 얼마나 좋은지를 평가하는 항목이다. 심사위원들은 심미성을 평가할 때

되도록 대중의 시각에서 보려고 노력한다. 패턴이 대칭을 이루고 있는지, 난이도가 높은 기술인지, 거품의 질감이 곱고 부드러운지를 보는 것이 아니라, 일반 소비자들의 마음에 들지를 보는 것이다.

예를 들어 커피에 대한 사전 지식이 전혀 없는 한 커플이 카페에 갔을 때 로제타rosetta*가 열 개 그려진 커피와 3D 라떼아트*로 잔 위에 곰돌이 모양의 거품을 올린 커피 중 어느 것에 더 기뻐할지를 생각해보면 된다. 하지만 전문가 심사위원은 아무리 노력해도 뼛속 깊이 박혀있는 전문가의 견해를 쉽게 떨쳐버리지 못하기 때문에 심사 기준을 잘 모르는 일반인 심사위원을 아트 바에 포함시키는 것이다.

이렇게 예선에서는 아트 바와 무대 시연 점수를 합산해 결선에 진출할 상위 여섯 명의 파이널리스트를 선정한다. 실제로는 무대 시연에서 최상위권의 점수를 받았지만 아트 바의 저조한 심사 결과로 인해 결선에 진출하지 못하는 선수들도 부지기수다. 그런 점에서 아트 바의 심미성은 꽤나 배점이 높은 평가 항목인 셈이다. 물론 이 심미성이라는 것도 결국에는 전문성을 평가하는 항목이나 다름없지만, 아트 바가 다른 대회에 없는 독특한 심사 기준을 채택하고 있다는 사실만큼은 부정할 수 없다.

---

* 로제타rosetta **나뭇잎 모양의 패턴.**

* 3D 라떼아트 **풍성한 거품을 이용해 커피 위에 입체로 모양을 낸 라떼아트.**

라떼아트 대회가 '보는 즐거움'에 큰 비중을 두었던 것은 2011년이다. 그때는 특이한 규정들이 몇 있었는데, 그중에 소개하고 싶은 두 가지가 커피 잔과 패턴의 선정방식, 그리고 심사 결과의 공개 방식이다.

2015년을 기준으로 현재 라떼아트 대회는 주최 측이 지정한 공식 잔만 쓸 수 있으며, 예선의 무대 시연에서 선수는 라떼 잔에 프리푸어free pour 라떼와 디자이너designer 라떼를 만들어야 한다. 프리푸어 라떼는 푸어링pouring 기술만 사용할 수 있고, 디자이너 라떼는 에칭etching 기술과 파우더, 색소 등의 다양한 재료를 활용할 수 있다. 여기에 결선에서는 공식 데미타스demitasse*에 푸어링 기술로 그림을 그리는 프리푸어 마끼아또가 추가된다. 비록 선수가 쓸 수 있는 잔은 제한되어 있지만 패턴은 본인이 원하는 대로 자유롭게 연출할 수 있다.

그런데 2011년에는 특별히 잔과 패턴을 룰렛으로 정했다. 그 해 열린 국가대표 선발전에서는 프리푸어 라떼의 미션으로 백조swan가 뽑혔는데, 생각보다 훨씬 다양한 패턴들이 등장했다. 백조라고만 했을 뿐 옆모습인지, 앞모습인지, 어떤 자세를 하고 있는지 등의 구체적인 지시사항은 없었기 때문이었다. 그래서 '백조'라는 하나의 주제 안에서도 패턴의 구성과 디테일이 선수 개개인의 창의성에 따라 천차만별이었다.

그 해는 심사방식도 남달랐다. 원래는 대회가 다 끝나기 전까지 심

---

* 데미타스demitasse 에스프레소를 담는 도기로 된 두툼한 잔.

사 결과를 공개하지 않는 것이 일반적인데, 그때는 무대 위에서 간단한 딜리버레이션^{deliberation}(당시는 칼리브레이션^{calibration}이라고 했다)을 마친 후 심사위원 각자가 자신이 낸 점수를 발표했다. 세세한 부분까지 공개한 것은 아니었고 총점을 0점~10점 사이의 점수로 환산했을 뿐이었다. 그렇게 심사위원들은 아주 짧은 시간 안에 무대 위에서 딜리버레이션을 마치고 관객들을 향해 각자 커다란 점수판을 들어 보였다. 예상대로 이는 관객의 큰 호응을 이끌어냈지만, 관객들이 저돌적인 성향을 지닌 일부 국가에서는 문제가 됐다고 한다. 높은 점수에는 환호가 터져나왔지만, 낮은 점수에는 욕설 섞인 야유가 쏟아지거나 심지어 물건을 집어던지는 관객들도 있어서 심사위원들이 극심한 스트레스에 시달렸던 것이다. 결국 2012년 국가대표 선발전 때까지도 볼 수 있었던 점수판은 당해 연도의 세계 대회부터 사라지게 되었다.

이러한 과거의 획기적인 시도에 비해 최근 라떼아트 대회는 매우 엄숙한 편이다. 어느 대회든 일정한 과도기를 지나 인기를 얻고 참가인원이 많아지면, 공정성 논란이 불거지기 마련이다. 그래서 평가 기준은 더 엄격해지고, 자연스럽게 전문성을 중시하게 되면서 대회는 전문가들끼리 울고 웃는 그들만의 리그가 되곤 한다.

개인적으로는 엄격하고 전문적인 한편, 커피를 전혀 모르는 사람들도 함께 누릴 수 있는 그런 대회가 생기길 바란다. 그렇게 커피시장과 스페셜티 커피에 관심을 갖는 이들이 늘어나는 것. 그것이야말로 대회라는 이벤트의 목적이라고 생각한다.

그저 눈으로 즐기고 좋아할 수 있다는 점에서, 라떼아트는 가장 우월한 위치를 차지하고 있는 종목이 아닐까 싶다.

07

이색 대회,
이브릭
챔피언쉽

___

내가 세계 대회에서 처음으로 심사를 맡았던 종목은 터키쉬 커피 대회인 월드체즈베/이브릭챔피언쉽World Cezve/Ibrick Championship, WCIC이었다.

체즈베 대회는 그동안 내가 경험했던 대회 중 제일 흥이 넘치는 대회였다. 애당초 이 대회가 '관객을 위한 대회'를 컨셉으로 기획됐다는 이야기를 들은 적도 있다. 시연용 기물을 제외하고는 지나치게 화려한 장식을 제한하는 여느 종목과 달리, 체즈베 대회는 오히려 이를 권장하는 유일한 종목이다.

지금은 빠졌지만 예전에는 심사 기준에 선수의 의상이나 열정 같은 것을 평가하기도, 커피음료와 곁들이는 음식sweets의 조화를 평가하기도 했다. 대회 규정은 여전히 '선수가 속한 나라의 문화가 반영된 시연'을 요구한다. 그래서인지 체즈베 대회장에서는 조금 과하다 싶을 정도의 다채로운 테이블 세팅과 개성 있는 복장을 한 선수들을 심심치 않게 볼 수 있다. 선수들은 현란한 금색 식기를 쓰고, 드레스 자락을 길게 늘어뜨린 채 커피를 만드는가 하면, 한때는 북을 치며 칼춤을 추고, 심지어 밸리 댄스를 선보이기까지 했다.

유일하게 한국 선수가 세계 대회에서 우승한 적이 있는 종목이 체즈베/이브릭인데, 2011년도 대회에 배진설 바리스타는 한복 차림에 족두리를 쓰고 나와 큰 관심을 끌었다. 하지만 그 후로 선수들이 지나치게 전통 의상에 연연하고 복장 논란이 불거지면서, 2012년부터는 의상을 평가하는 항목이 없어졌다.

또한 2010년까지만 해도 선수 이외에 서포터 한 명이 추가로 대회에 참여해 함께 서빙을 하거나 춤을 추고 연주도 하면서 대회장 분위기를 고조시켰는데, 이 부분이 삭제된 점이 개인적으로는 무척이나 안타깝다.

사실 체즈베 대회는 커피의 역사적인 측면에서도 의미 있는 대회다. 지금이야 커피업계에 불어 닥친 제2의 물결second wave의 여파로 에스프레소가 세계적인 인기를 끌고 있지만, 인류가 가장 오랫동안 마셔온

커피는 다름 아닌 터키쉬 커피다.

터키쉬 커피는 체즈베 커피, 이브릭 커피 등으로 다양하게 불리는데, 정식 명칭은 체즈베 커피다. 커피에 대한 가장 오래된 기록을 남긴 것으로 알려진 16세기 오스만 제국의 황제들, 즉 술탄들이 즐겨 마시던 커피가 체즈베 커피였으며, 밀가루처럼 곱게 간 원두를 물에 넣고 가열해 만들었다.

체즈베 커피는 기본적으로 커피와 물만 가지고 만들지만, 기호에 따라 설탕이나 향신료를 첨가하기도 한다. 하지만 커피를 고온에서 오랫동안 가열하다 보니 섬세한 향을 느끼긴 힘들다. 게다가 커피가루가 그대로 남아있어 커피를 마실 때 입안에 되직한 느낌이 들고 에스프레소와는 비교도 안 될 만큼 맛이 강하고 바디^{body}도 높다.

보통은 체즈베 커피를 그냥 커피가루와 물을 끓여서 만드는 것으로 알고 있지만, 전통적으로 훌륭한 체즈베와 커피는 두터운 크레마와 좋은 바디를 지니고 있다. 일반적으로 체즈베 커피는 너무 끓이면 크레마가 금방 타버려서 향미와 바디가 떨어지기 때문에 대회 때는 커피를 끓이지 않으면서 크레마를 보존하는 기술이 중요하게 평가된다.

그러다보니 커피를 만드는 시간은 길어지고, 자연히 커피의 섬세한 향도 사라지게 된다. 하지만 체즈베 커피는 짧은 시간에 압력을 가해 추출하는 에스프레소나 낮은 온도의 물로 내리는 핸드드립 커피와는 또 다른 매력이 있다.

체즈베 대회는 심사도 그만의 기준으로 진행된다. 얼핏 보기에는 커피의 향미와 질감을 평가하는 항목이 다른 종목과 별반 차이가 없는 것 같지만 기준이 되는 커피의 특성만큼은 판이하게 다르다.

사람들이 흔히 묵직하다고 생각하는 에스프레소의 바디는 체즈베 커피에 비하면 한참 낮은 수준이다. 또한 체즈베 커피는 맛에서도 체즈베 커피다운 강렬함과 무게감이 느껴져야 하기 때문에 아무리 꽃향기flowery나 과일향fruity과 같은 가벼운 향미가 트렌드라고 해도 이를 높이 평가하진 않는다.

물론 창작음료의 경우, 심사위원들도 새롭고 다양한 향미를 경험하길 기대하지만, 부재료를 섞지 않은 기본적인 체즈베 커피만큼은 가장 전통적인 것을 추구한다. '체즈베 커피다워야' 한다는 것이다.

'체즈베 커피답다'는 말을 이해하기 어려운 것이 사실이다.

에스프레소든 핸드드립이든 오늘날의 모든 커피 추출방법은 필터링filtering을 토대로 하며, 필터의 구멍이 크고 좁은 정도의 차이만 있을 뿐, 커피가루를 바로 입에 털어 넣지는 않는다. 기본적으로 커피의 클린컵clean cup을 중요시하기 때문이다. 반면 체즈베 커피는 커피가루로 인한 거친 질감과 쓰고 떫은맛을 지니고 있어 클린컵과는 다소 거리가 멀다. 또한 체즈베 커피의 관점에서는 요즘 유행하는 커피의 가벼운 과일향과 꽃향기를 그다지 긍정적으로 보지 않는다. 강한 단맛과 쓴맛, 그리고 약간의 신맛이 만들어내는 색다른 균형감과 톡 쏘는 스파이시spicy향이 체즈베 커피만의 매력이기 때문이다.

내가 체즈베 대회에 심사위원으로 참가했을 때 선수 한 명이 바디는 살짝 낮지만 산뜻한 산미와 농익은 포도향이 강하게 나는 커피를 준비한 적이 있었다. '체즈베 커피답지 않게' 깔끔함과 다채로운 향미를 지닌 독특한 커피였기에, 나는 그 커피가 세계 무대에서 어떤 평가를 받을지 정말 궁금했다. 당시 그 선수를 심사한 센서리 심사위원들은 "커피의 향미 자체는 상당히 흥미롭고 유행에도 잘 맞는 편이지만 전통적인 체즈베 커피의 특색이 드러나지 않기 때문에 좋은 점수를 줄 수 없다"고 평가했다. 한 헤드 심사위원은 이런 말도 했다.

"본래 세계 대회의 모든 종목은 그 기준이 되는 기본 음료를 충실하게 재현하고, 이를 새로운 창작음료로 발전시키는 것을 목표로 합니다. 에스프레소와 아이리쉬 커피Irish Coffee를 평가하는 바리스타 대회가 그렇죠. 기본 음료에 대한 개념이 잘 정립되어 있고, 널리 알려져 있는 종목일수록 새로운 형태로 발전시키는 것에 많은 관심을 갖습니다. 하지만 체즈베 커피에 대한 인식은 아직 낮기 때문에 전통적인 형태를 제대로 구현할 수 있는지가 더 중요합니다. 한때는 다른 대회들도 그랬겠죠. 언젠가는 이 대회도 가벼운 향미나 유행을 따르게 될지 모릅니다."

그의 설명에 따르면 같은 이유에서 체즈베 대회는 여느 종목에 비해 기술 평가의 배점이 높다고 한다. 맛만큼이나 전통적인 추출법의 재현을 중시하는 것이다. 월드바리스타챔피언쉽은 테크니컬 점수가 총점 814점 중 142점인데 반해, 월드체즈베/이브릭챔피언쉽은 총점 660점 중 228점으로 더 높은 비중을 차지한다.(2014년도 기준) 규정집의 초반부에서부터 이 대회를 선수가 체즈베 커피의 역사와 기술을 얼마나 이해하고 있는지 보여줘야 하는 종목으로 소개할 정도다.

실제로 이 대회에 참가하는 선수들 중 상당수가 그리스나 터키처럼 오래 전부터 생활 속에서 체즈베 커피를 경험해 온 국가 출신이었다. 집안 대대로 내려온 커피 잔과 추출기구, 모래히터* 등을 가지고 나와 할머니에게서 배운 기술을 펼치며 고유의 전통과 레시피를 소개하는 선수들도 자주 등장한다. 그들에게 체즈베 대회는 단순히 개인의 기량을 뽐내는 자리가 아니라, 자신이 살아온 배경을 이야기하는 자리인 듯했다.

하지만 안타깝게도 체즈베 대회는 사람들에게 잘 알려지지 않은 비

---

* 모래히터 뜨겁게 달궈진 모래를 이용해 커피를 간접적으로 가열하는 기구.

인기 종목이다. 2013년에는 다음 해의 세계 대회가 임박할 때까지 후원 사가 정해지지 않아 행사가 취소될 뻔한 적도 있었다. 그러다 현재 이 종목의 코디네이터이자, 2010년도 우승자 아이신 아이도두^{Aysin Aydogdu} 가 터키에 대회 유치를 성공시키면서 가까스로 위기를 모면했다.

체즈베 대회는 번번이 종목이 폐지될지도 모른다는 루머에 시달리지만, 그래도 매년 대회장 한쪽의 작은 공간에서는 옹기종기 모인 사람들이 이슬람 분위기를 물씬 풍기며 흥겨운 체즈베 대회를 이어나가고 있다.

08

대회를
만드는 사람들

"심사석에 앉아있으면 어떤 기분인가요?"

언젠가 다른 심사위원들과 지방에서 특강을 했을 때 이런 질문을 받은 적이 있었다. 선수들을 볼 때 드는 기분과 심사를 하는 이유에 대해서 묻는 질문이었다.

"심사위원들도 엄청 긴장해요. 시트지를 신경 쓰면서 선수들의 멘트를 듣고, 동시에 아이컨택도 해야 하죠. 혹시 심사위원 행동 강령에

'선수들을 보고 웃어줘야 한다'고 써있는 거 아세요? 그렇게 하루 종일 웃다 보면 입 꼬리가 부들부들 떨려요. 최근에는 선수들이 심사위원들에게 이것저것 요구하는 게 많아져서 '이상한 거라도 시키면 어쩌나', '영어로 얘기하는 데 못 알아들으면 어쩌나' 하고 걱정도 많이 해요."

그날은 다들 호탕하게 웃으며 넘어갔지만 그건 정말 농담이 아니라 200% 진심에서 우러나온 말이었다. 해를 거듭하면서 나름대로 여유가 생기긴 하지만 심사석은 엄밀히 말해 대회를 마냥 즐길 수 있는 자리가 아니라, 선수들의 시연을 완성시키는 일종의 부속품 같은 곳이다. 대회장 전체를 볼 수 있는 일반 관객들과 달리 심사위원과 선수는 일대일 관계이기 때문에 이곳의 분위기는 객석의 여유로움과 거리가 멀다. 특히나 많은 시연이 선수들의 요청과 이에 대한 심사위원들의 응답으로 이루어지는 요즘, 심사위원들에게는 그들의 시나리오대로 움직여야 할 책임이 따른다.

물론 심사석에서만 누릴 수 있는 특권도 있다. 무엇보다 선수들이 만든 음료를 직접 맛볼 수 있다는 것이 큰 장점이다. 나와 친분이 있는 한 심사위원은 습관적으로 이런 말을 하곤 했다.

"세계 대회에서는 오로지 나를 위해 그 나라 최고의 선수가 그 해 최고의 커피를 만들잖아요. 커피부터 기술과 서비스까지, 오직 그곳에서만 마실 수 있는 커피예요. 그 정도면 해외에 나가서 심사할 이유의 90%는 충족되지 않나요?"

그렇게 보면 커피를 너무 많이 마셔서 속이 쓰리다는 것도 호강에 겨운 소리다. 하지만 심사석이 대회나 선수들과 가장 밀접한 곳인가 하면 꼭 그렇지도 않다. 단순히 대회를 즐기고 싶어서 심사를 보는 거라면, 더욱 넓은 시야로 대회장을 살펴보자. 대회장 곳곳에는 오히려 심사위원들보다 조금 더 가까이에서 대회에 참여하는 사람들이 생각보다 많다.

나는 이따금 심사 스케줄이 비거나 다른 종목의 대회가 진행 중일 때 객석에 앉아 구경하는 것을 즐기는 편이다. 심사석에서는 보이지 않았던 대회장 풍경이 한눈에 들어오기 때문이다. 그렇게 객석에 앉아 대회를 보고 있으면 선수들만큼이나 눈에 잘 띄는 사람이 바로 러너^{runner}들이다.

러너는 심사위원들이 마시고 난 커피 잔을 치우거나 시연 전후로 선수의 기물을 옮기고, 다음 차례가 되기 전에 에스프레소 머신을 깨끗이 정리하는 역할을 한다. 러너는 심사석만큼이나 가까운 곳에서 선수의 시연을 지켜볼 수 있어 보고 배우는 것이 유독 많은 자리다.

그림자처럼 선수들 곁에 서서 수시로 말을 건네는 사람들도 눈에 띄는데, 이들은 타임 키퍼^{time keeper}들이다. 선수가 시연을 시작하면 객석에 보이는 큰 타이머가 작동되는데, 간혹 기계가 오작동을 일으킬 수 있기 때문에 헤드 심사위원과 타임 키퍼가 시간을 잰다.

타임 키퍼는 선수가 남은 시간을 물어볼 때나 시연 중간중간 정해진 구간마다 시간을 알려주는 역할을 한다. 때문에 타임 키퍼는 웬만해선 스톱워치에서 눈을 떼지 못한다. 어쩌다 시선을 사로잡는 멋진 시연이 펼쳐지기라도 하면 자신도 모르게 넋을 잃고 구경하다 '아차' 하는 사이에 타이밍을 놓칠 수 있기 때문이다.

무대를 조금만 벗어나면 보다 다양한 포지션의 사람들을 만날 수 있다. 대회장에는 심사위원들이 들어갈 수 없는 금단의 구역이 하나 있는데, 바로 선수들의 연습공간인 일명 '백룸^{back-room}'이다. 정식 명칭은 준비 연습실^{preparation practice room}이지만 흔히들 '백룸'이라고 부른다. 여기에는 무대와 동일한 에스프레소 머신이 마련돼 있어서 선수들이 실전에 앞서 사전준비를 할 수 있다. 커피 잔이 깨질 것을 염려해 꽁꽁 싸맸던 버블 랩^{bubble wrap}을 벗겨낸 다음 지문이 남지 않게 깨끗이 닦고, 트레이를 포함한 모든 기물을 무대에서 선보일 모습 그대로 카트 위에 세팅해둔다. 그라인더의 분쇄도도 이곳에서 미리 맞춰본다. 2014년도 월드바리스타챔피언인 히데노리 이자키^{Hidenori Izaki}가 모 매체와의 인터뷰에서 '시연의 90%는 백룸에서 완성된다'고 했을 만큼 이곳에서의 시간을 어떻게 보내는지가 대회 결과에 상당한 영향을 미친다.

　백룸에서 무대로 향하는 길에는 각종 영상장비와 시설물이 설치되어 있고, 전기선들이 바닥에 복잡하게 깔려있는 경우도 많기 때문에 극도로 주의해야 한다. 혹시라도 카트를 끌고 가다가 준비한 기물이 엉클어지거나 파손되면 시연 자체가 불가능하기 때문이다. 기물은 보통 선수와 코치 둘이서 나르지만 양이 많거나 전선 연결이 필요할 때는 러너들의 도움을 받는다. 덕분에 러너들은 무대에서의 짧은 시연뿐 아니라 선수들의 동선 같은 연출 전반을 간접적으로나마 경험할 수 있다.

　대회 관계자들은 이곳과 딜리버레이션^{deliberation} 룸이 둘 다 무대 뒤편에 있다고 해서 똑같이 백룸으로 부르곤 하지만, 선수들은 심사위원의 백룸에, 심사위원들은 선수의 백룸에 절대 들어갈 수 없다. 실은 두 백룸 모두 객석에서는 보이지 않는 쪽으로 무대와 통하기 때문에 선수와 심사위원의 동선이 일부 겹치곤 한다. 그런데 이때 선수와 심사위원이 서로 반갑게 인사를 하거나 친분을 과시하는 장면이 목격되면 자칫 둘 사이에 모종의 관계가 있는 것처럼 비춰질 수 있어서 세계 대회는 이런 행동을 엄격하게 금지한다. 세계 대회 때 행사가 끝나면 한국 선수를 따라 빈 백룸에 들어가 보기도 하는데, 그럴 때면 괜히 나쁜 짓을 하는 것 같아 가슴이 두근거린다.

　무대 바깥쪽에는 관객들에게 커피를 제공하는 브루잉 바와 에스프레소 바가 준비되어 있다. 이곳에서는 각국의 내로라하는 커피업체들과 지난 대회의 챔피언들을 비롯해 많은 바리스타들이 시간대별로 다양한 커피를 여러 가지 방법으로 추출해준다. 특히 에스프레소 바는 역대 파이널리스트 같은 유명 바리스타가 주관하는 경우도 종종 있는데, 이는 함께 일하는 바리스타 자원봉사자들에게 기억에 남는 경험이 되곤 한다.

2012년에는 월드라떼아트챔피언쉽World Latte Art Championship, WLAC과 월드커피인굿스피릿챔피언쉽World Coffee In Good Spirit Championship, WCIGSC이 한국에서 개최됐는데, 다음 해인 2013년에 월드바리스타챔피언이 된 피트 리카타Pete Licata가 당시 에스프레소 바의 진행을 맡았다.

서울 근교의 한 대학에서 강사로 일하고 있었던 나는 학생들에게 대회에 자원봉사자로 참여해보면 어떻겠냐고 권했고, 그때 지원해 바에서 바리스타로 일했던 학생들 모두 잊지 못할 경험을 만들었다고 이야기했다. 당시만 해도 대다수 학생들이 스페셜티 커피산업에는 별 관심이 없었는데, 대회에서 스태프로 활동했던 학생들이 인식을 바꾸고 스페셜티 커피업계로 취직한 것은 놀라운 일이었다.

2015년 월드바리스타챔피언쉽World Barista Championship, WBC 때는 대회에 참가했던 각국의 선수들이 본인이 시연에서 사용했던 커피를 일반 관람객들에게 제공하는 깜짝 이벤트가 기획되기도 했다. 그간 심사위원들만 맛볼 수 있었던 최고의 커피를 일반 관람객들도 만날 수 있게 해준 멋진 이벤트였다. 나 역시 심사를 봤지만, 미처 만나지 못했던 선수들의 커피를 맛볼 수 있어 더없이 즐거웠다.

대회장에는 앞으로 대회 출전을 계획하고 있는, 예비 선수들을 위한 자리도 있다. 대회 전에 열리는 심사위원 워크숍과 칼리브레이션 calibration은 실제 대회와 완벽하게 동일한 방식으로 진행되며, 똑같은 상황을 연출하기 위해 반드시 능력 있는 바리스타들을 필요로 한다. 하지만 해당 연도에 선수로 출전할 바리스타들은 워크숍에 참여할 수 없다. 그래서 대개는 추후 대회에 출전할 계획이 있는 예비 선수들이 이곳을 찾곤 한다.

실제 대회보다 편안한 분위기에서 비교적 자유롭게 시연해볼 수 있고, 자신의 실력이 세계 대회의 기준에서는 어느 정도 수준인지를 점검할 수 있는 좋은 기회이기 때문이다. 또한 심사위원들의 심사방식을 배우고, 그들의 관점을 공유할 수 있다는 장점 덕분에 다음 대회를 염두에 두고 있는 예비 선수들에게 여러 모로 유익하다. 어떤 이들은 늘 자신을 '심사하던' 심사위원들이 '심사받는' 모습을 지켜보는 것도 나름 쏠쏠한 재미라고 한다.

대회는 다소 비현실적이다 싶을 정도로 특별한 스페셜티 커피를 지향하는 곳이다. 가끔은 '10년 정도가 지나면 지금 내가 경험하는 커피를 일반 카페에서도 자연스럽게 만날 수 있을까'라는 생각을 하곤 한다. 실제로 10여 년 전의 대회 영상을 보면 현재 우리에게 익숙한 개념의 커피와 요즘 카페에서 쉽게 볼 수 있는 서비스를 선보이는 장면이 많다. 그러나 그때 그 시연은 분명 바리스타 스스로도 재현하기 어려운, 새로운 시각과 고도의 테크닉으로 완성한 시연이었을 것이다.

현실에서는 경험하기 어렵지만, 훗날 커피업계에 남을 하나의 획을 긋고자 시연을 펼치는 곳이 대회고, 그만큼 대회장에서 느낄 수 있는 스페셜티 커피의 기운은 남다르다.

흔히 대회라고 하면 선수와 심사위원의 이미지를 떠올리지만, 만약 대회나 스페셜티 커피를 처음 접하는 사람이라면 이런 다양한 포지션을 권하고 싶다. 무대에서 딱 반 보 떨어진 이곳에서는 그 중심에 있는 사람들보다 더 많은 것을 보고 들을 수 있을 테니 말이다.

전 세계의 다양한
커피이벤트

1 서울카페쇼 　　　　한국
Seoul Int'l Café Show

한국 최대 규모의 커피 박람회. 커피뿐 아니
라 티, 베이커리 등 유사분야의 업체들도 다
수 참가한다. 국내외 커피업계 유명인사들의
월드커피리더스포럼이 동시 개최되며, 2013
년에는 중국으로, 2015년에는 말레이시아로
진출하기도 했다.
홈페이지 | www.cafeshow.com

2 월드 오브 커피 　　　　유럽
World of Coffee

유럽스페셜티커피협회Specialty Coffee Associa-
tion of Europe, SCAE에서 주최하는 유럽의 대표
적인 스페셜티 커피 박람회. 매년 유럽 각지
를 돌면서 열리고, 월드커피이벤트World Coffee
Event, WCE의 일부 대회가 이곳에서 개최된다.
홈페이지 | www.scae.com

3 SCAA 연례전시 　　　　미국
SCAA Annual Exposition

미국스페셜티커피협회Specialty Coffee Associa-
tion of America, SCAA에서 주최하는 연례전시
로, 매년 미국의 다른 도시에서 열린다. 커피
비즈니스의 교류가 매우 활발하게 이루어지
며, 일반강연과 기술교육skill building workshop
등 다양한 교육 프로그램도 마련된다.
홈페이지 | www.scaaevent.org

4 SCAJ 　　　　일본
World Specialty Coffee Conference and Exhibition

일본스페셜티커피협회Specialty Coffee Associa-
tion of Japan, SCAJ에서 주최하는 전시회로, 다
양한 분야의 커피업계 종사자들이 참여한다.
일본의 국가대표 선발전도 이때 진행된다.
홈페이지 | www.scaj.org

5 멜버른 국제 커피 엑스포   [호주]
Melbourne International Coffee Expo

호주 최대 규모의 커피 연례행사로 멜버른에
서 진행되며, 주로 커피관련 업체들이 참가한
다. 2014년과 2015년에는 월드커피이벤트의
일부 대회가 이곳에서 개최됐다.

홈페이지 | internationalcoffeeexpo.com

6 호텔렉스   [중국]
HOTELEX

중국의 상해, 청도, 광저우와 인도네시아에서
열리며, 커피를 비롯해 다른 식품 업체들도
다수 참여한다. 특히 상해 호텔렉스는 중국의
국가대표 선발전을 비롯해 요리, 디저트 등
여러 분야의 행사가 함께 진행되는 중국 최대
규모의 전시회 중 하나다.

홈페이지 | www.hotelex.cn

7 국제커피협회주간   [코스타리카]
Sintercafe–international Coffee Week

1987년에 처음 시작된 커피산지 최대 규모의
연례행사로, 매년 11월경 커피 생산국과 소비
국에서 온 4천개 이상의 커피기관이 모여 정
보를 공유하고 품평회를 가진다.

홈페이지 | www.sintercafe.com

8 ASIC
International Conference on Coffee Science

1966년에 처음으로 조직되어 2년에 한 번씩
전 세계를 돌며 열리는 커피 학술회. 이탈리
아 일리카페Illy caffe의 대표인 안드레아 일리
Andrea Illy가 회장을 맡고 있으며 세계 각국의
유명 커피업체와 의학, 과학연구 단체들이 소
속되어 있다.

홈페이지 | www.asic-cafe.org

3장

강사의
눈으로 보다

See with the eye of the trainer

커피학원을 찾는 사람들은 늘 이런 질문을 한다.
강사가 되려면 어떻게 해야 하는가.
로스터가 되려면 어떻게 해야 하는가.
하지만 그들이 진짜 해야 할 질문은
'나는 그 일을 하기 위해 어떤 준비가 되어있는가'다.
학원의 교육은 덧셈과 뺄셈 같은 것이다.
숫자를 계산할 때 우리는 모든 셈의 경우의 수를 외우는
것이 아니라 먼저 덧셈과 뺄셈의 원리를 익힌다.
학원가에서 이루어지는 커피교육은 대부분 그 뼈대가 되는
이론을 가르칠 뿐이고, 이를 분야와 직업에 맞게 응용하는
것은 어디까지나 개인의 몫이다.
때문에 커피업계에서 원하는 직업을 찾고자 한다면
'어떤 교육을 받아야 하는지'를 물어보기 이전에
교육을 통해 자신이 배운 것을
어떻게 활용할 것인지를 생각해야 한다.
3장의 내용은 내가 지난 10여 년간 커피업계와 학원가를
오가며 보고 느낀 것에 대한 이야기들이다.

일본식 교육과
미국식 교육

———

국내 커피학원가의 빅뱅은 누가 뭐래도 2007년 여름에 방영됐던 드라마 〈커피프린스 1호점〉이었다. 이는 비단 학원가뿐 아니라 커피업계 전반에 걸쳐 일대 사건이었다.

방송이 전파를 탄 후 엄청난 수의 카페와 커피학원이 생겨났고, 커피강사가 새로운 직업군이 되었다. 나 역시도 이 시기부터 커피강사로 일했는데, 생각해보면 그때부터 지금까지 한국의 커피교육은 참 많은 변화를 겪어왔다.

불과 몇 년 전까지만 해도 우리나라의 커피교육은 일본 커피를 기준으로 했다. 흔히 로스팅과 같은 의미로 사용하는 '배전焙煎'이라는 용어도 일본 서적에 자주 등장하는 것이었다. 원두의 배전도roast degree를 아그트론 넘버Agtron number*나 라이트light, 미디엄medium, 다크dark 등으로 표현하는 요즘과 달리, 예전에는 시티city, 풀시티full city, 프렌치French, 이탈리안italian 같은 말을 즐겨 썼다. 지금도 이러한 용어를 사용하긴 하지만 최근 학원가에서는 미국과 유럽식 교육이 강세를 보이고 있고, 자연스럽게 교육에 사용되는 용어와 기준도 바뀌고 있는 추세다.

초기의 일본식 교육은 '장인정신'이라는 한 단어로 설명할 수 있다. 일본식 교육을 일본인들이 주로 사용하는 기구나 그들의 보편적인 커피취향으로 구별할 수도 있지만, 적어도 국내에 들어온 일본 커피의 공통적인 교육 방침은 장인문화 특유의 '도제식 교육'이었다고 생각한다.

그 시절, 여러 커피교육 중에서도 가장 인기가 높았던 것은 단연 핸드드립이었다. 핸드드립은 주둥이가 긴 주전자로 커피가루에 물을 떨어뜨려 커피를 추출하는 방식인데, 유독 바리스타를 상징하는 이미지로 비춰지곤 했다. 어째서인지 〈커피프린스 1호점〉에 월드바리스타챔피언으로 나오는 여주인공 은찬이도 언제나 드립포트drip pot를 들고 있

※ 아그트론 넘버Agtron number 원두의 명도값을 나타내는 단위로, 로스팅의 진행 정도를 표시할 때 사용한다. 아그트론 사에서 만든 개념이라 아그트론 넘버라고 부른다.

는 모습으로 그려졌다.

핸드드립은 커피를 한 방울drop씩 손수 추출한다는 뜻으로, 일본에서 붙여진 이름이다. 정성스럽게 물을 부어 커피를 내리는 것을 보면 일본의 다도와 무척이나 닮았다는 인상을 받는다. 그리고 이러한 핸드드립의 이미지가 극대화된 것이 바로 '점드립'이다. 점드립은 이름 그대로 드립포트에서 물을 방울방울 떨어뜨리는 추출법으로, 대개 고노Kono 드리퍼를 사용한다고 해서 '고노 드립'으로도 불린다.

드립포트의 물줄기를 조절하는 것은 생각보다 어려운 일이다. 보통 핸드드립을 할 때는 물을 나선형으로 돌려가면서 붓는데, 잘못하면 드립포트에서 갑자기 물이 훅 쏟아지기도 하고, 물줄기가 굵어졌다가 얇아졌다가 아예 뚝 끊어지기도 한다. 그런 맥락에서 보면 물방울을 계속 일정하게 떨어뜨려야 하는 점드립은 난이도 최상의 추출법인 셈이다. 과거 몇몇 교육기관에서는 점드립을 배우기 위한 일본 연수 프로그램을 기획할 정도였으니, 핸드드립에 대한 관심이 얼마나 높았는지는 미루어 짐작할 만하다.

점드립의 사례를 보면 알 수 있듯이, 당시 핸드드립 교육의 주안점은 물줄기를 자유자재로 조절하여 한 잔의 맛있는 커피를 추출하는 것이었다. 이때 주로 사용되었던 추출도구는 멜리타Melitta와 칼리타Kalita, 그리고 고노 드리퍼였다.

보통 핸드드립 교육을 할 때는 드리퍼 안의 수위를 적당히 유지하고, 커피가루의 층이 얇은 드리퍼 가장자리에는 물을 붓지 말라고 가르친다. 하지만 원뿔형인 고노 드리퍼는 커피가루가 중심부에 몰려있어, 넓은 면적을 적실 수 있는 타원형의 칼리타나 멜리타 드리퍼에 비해 물을 촘촘히 부어야 한다. 게다가 고노 드리퍼에는 커다란 구멍이 뚫려있어 추출구가 작은 멜리타나 칼리타 드리퍼에 비해 상대적으로 물이 빠르게 빠진다.

그래서 초창기 커피학원들은 수위를 조절하기 쉬운 멜리타나 칼리타 드리퍼로 교육을 진행했고, 수업도 물을 가늘게 규칙적으로 붓는 방법을 연습하는 것에서 시작됐다. 사람들이 드립포트의 주둥이 끝만 쳐다보며 균일한 두께의 물줄기를 내기 위해 연습하는 모습은, 마치 도를 닦는 수련장만큼이나 숙연한 분위기를 자아냈다.

추출이 끝난 후의 상태도 커피 맛을 평가하는 중요한 요소로 여겨졌다. 드리퍼 안의 커피 표면이 얼마나 파였는지, 어떤 모양을 하고 있는지에 따라 물을 고르게 부었는지, 아닌지를 파악할 수 있었기 때문이었다.

이처럼 불과 몇 년 전만 해도 국내 커피교육은 꾸준한 연습을 통해 완벽한 기술의 경지에 다다르는 것이 목적이었다. 그것은 단순히 글로 써서 전달하거나 외워서는 익힐 수 없는, 스스로 노력해서 몸소 체득

해야 하는 것이었고, 사람들은 수없이 반복 연습을 하며 고유기술의 완성을 추구했다. 설령 실력을 쌓았다 하더라도 약간만 방심하면 금방 무너질 수 있는, 그야말로 장인정신을 필요로 하는 고도의 전문기술이었다. 하지만 이 '될 때까지 한다'는 교육방침에 모두가 동의한 것은 아니었다. 나도 그런 사람들 중 한 명이었다.

"처음 사용하는 로스터의 로스팅 프로파일을 잡으려면 어떻게 해야 하나요?"

"생두를 세 백^{bag} 정도 볶아보면 돼요."

"열량 조절을 잘할 수 있는 요령 같은 건 없나요?"

"계속 연습하다 보면 감이 올 거예요."

"선생님, 제가 내린 커피는 왜 저 분 것보다 쓸까요?"

"물줄기를 잘 컨트롤하지 못해서 그래요."

"그럼 어떻게 하죠?"

"연습을 많이 하면 늘어요."

어떤 질문을 해도 결론은 늘 연습이었고, 나는 그 우문우답愚問愚答이 너무나 답답했다. 연습을 '어떻게' 해야 한다는 건지, 정확히 어느 부분이 잘못됐다는 건지 도무지 알 수 없었기 때문이다. 커피가루의 표면이

똑같이 파여도 어떨 때는 신맛이, 어떨 때는 쓴맛이 강하게 느껴졌다. 기준도 목적도 없이 하는 연습이 나로서는 갑갑하기만 했다.

그때만 해도 내가 이런 것을 가르치는 사람이 될 거라고 전혀 예상하지 못했지만, 강사가 된 후로 나는 나름의 법칙을 찾으며 그동안 가졌던 답답한 마음을 없애려고 노력해왔던 것 같다. 각종 학술지와 해외 자료를 보며 어떤 현상을 설명할 만한 근거와 기준을 찾는 것에 관심을 기울였다. 하지만 혼자서 공부하는 것에는 한계가 있었고, 답답함은 온전히 해소되지 않는 경우가 많았다.

이런 나와 비슷한 생각을 하는 사람들이 많았는지, 언제부턴가 국내 커피교육에 변화의 바람이 불었다. 정확히 언제부터, 어떤 계기로 시작됐는지는 기억나지 않지만, 대략 2011년쯤이었던 것 같다. 한국에서 미국과 유럽의 커피 자격증이 유행하고, 그들의 이론이 빠르게 전파될 무렵이었다.

요즘에는 핸드드립이라는 말 대신 브루잉brewing이라는 말을 즐겨 쓴다. 여전히 드립포트를 이용한 커피 추출을 핸드드립이라고 일컫지만, 에어로프레스Aeropress나 케멕스Chemex처럼 아예 기구의 이름을 따서 부르거나, '추출'이라는 넓은 의미에서 브루잉이라는 용어를 사용하기도 한다. 일부 서양 국가에서는 '물을 붓는다'는 동작에 초점을 맞춰 푸어 오버pour over라는 말을 즐겨 쓰기도 한다.

미국과 유럽의 브루잉 교육은 물줄기의 두께나 수면의 높이 같은 손기술보다 물 온도, 커피와 물의 비율, TDSTotal Dissolved Solids(총 용존 고형물) 등 수치로 잴 수 있는 요소에 집중돼 있다. 추출 결과를 평가할 때도 커피가루의 표면을 육안으로만 판단하는 것이 아니라, 커피의 성분을 정량적으로 측정한다. 그들에게 맛있는 커피를 만드는 길은 올바른 추출 레시피를 지키는 것이고, 이를 위해 다양한 추출기구들이 시장에 유통됐다.

계량저울을 장착해 물을 붓는 즉시 양을 확인할 수 있는 하리오 드립 스테이션Hario drip station과 물의 양과 온도를 정밀하게 조절할 수 있는 우버 보일러Uber boiler, 일정한 온도의 물을 공급하는 커피메이커인 모카마스터Mocca master, 그리고 간편하게 TDS와 추출수율을 측정할 수 있는 모조 투고Mojo togo 등이 대표적인 예다. 이밖에도 CBICoffee Brewing Institute의 커피 브루잉 컨트롤 차트coffee brewing control chart 같은 추출 기준도 여러 매체를 통해 소개됐다.

연구실이나 실험실에서나 썼을 법한 이 기구들을 최근에는 작은 규모의 카페뿐 아니라 일반 커피 애호가들도 구입하고 있다. 그들은 자신의 실험 결과를 블로그나 온라인 커뮤니티 등에 게시하며 댓글로 전문가 못지않게 열띤 토론을 벌이기도 한다.

한 잔의 완전한 커피를 만드는 것이 초기 커피교육의 목표였다면, 오늘날에는 커피의 품질을 균일하게 유지하는 것이 새로운 과제로 떠올랐다. 사실 정량적인 측정만으로는 커피의 향이나 맛 같은 관능적 특성을 전부 다 설명할 수 없다. 커피의 추출률은 잴 수 있지만, 그 안의 성분비나 구조는 파악하기가 어렵기 때문이다.

만약 이 서양식 이론을 '완벽하게 맛있는 커피'를 만드는 척도로 삼았다면, 빈틈 많고 실용성이 떨어지는 이론으로 치부되었을 것이다. 하지만 이는 물의 온도와 경도, 커피의 추출수율과 농도 등 여러 가지 기준과 '허용 범위'라는 것을 두고 각각의 조건이 제대로 잘 지켜졌는지를 확인할 수 있기 때문에 추출편차가 줄어든다는 것만은 분명하다.

이러한 흐름을 타고 이제는 케멕스와 클레버Clever가 국민 드리퍼였던 칼리타와 고노의 자리를 대신하게 되었다. 기존의 핸드드립보다 커피의 품질을 효율적으로 관리할 수 있기 때문이다. 드리퍼와 드립포트에서 한순간도 눈을 뗄 수 없었던 칼리타나 고노와 달리, 케멕스와 클레버는 추출 시간과 물 온도, 커피와 물의 비율 등으로 커피의 품질을 손쉽게 유지할 수 있었다. 심지어 2013년부터는 사람이 핸드드립하는 동작을 컴퓨터로 프로그램화해 커피를 일률적으로 추출하는 기구들이 등장하고 있다. 개인의 손기술에 의존했던 이전의 추출방식이 가진 문제점들을 시스템적으로 해결하기 위한 노력의 일환이다.

이처럼 미국과 유럽의 커피교육은 다양한 기준을 세우고, 각각의 요소들이 어느 정도의 범주 안에만 들면 된다는 식의 가이드를 제시한다. 추출은 물론이고 에스프레소와 로스팅 등 커피의 모든 분야에서도 마찬가지다. 또한 각 기준은 언제나 정량적으로 측정할 수 있는 형태로 되어 있다. 특히 미국스페셜티커피협회Specialty Coffee Association of America, SCAA의 교육 모듈은 한 개인의 기술적인 완성도만큼이나 여러 사람의 능력을 평준화하고 꾸준히 관리하는 것을 중시한다. 에스프레소라는 컨텐츠를 글로벌 마켓으로 끌어들인 미국의 비즈니스 마인드가 잘 드러나는 부분이다.

당시 교육을 받는 입장에서는 이러한 일련의 변화를 환영할 만했다. 방향성을 갖고 연습을 하거나 결과물을 객관적으로 평가할 수 있었기 때문이었다. 더 이상 미지의 목표를 향해 가거나 비효율적인 손기술을 익힐 필요가 없었다. 커피에 대해 근거와 기준을 가지고 이야기하는 사람들이 점차 늘어났고, 감각적으로 커피를 체득했던 세대의 커피인들을 향한 비난이 이어지기도 했다. 비효율적이고 허황된 논리라는 것이 주된 이유였다. 미국과 유럽의 커피이론을 배운 신생 커피업자들은 일부 커뮤니티를 통해 공공연하게 기성세대를 공격하기도 했다.

두 세대의 중간쯤에 속하는, '커피프린스 세대'인 나로서는 이러한 현상이 다소 불편했다. 미국과 유럽의 커피이론이 효율성을 극대화하는 데 가이드가 된다는 것은 분명한 사실이나 앞서 말했듯이 그건 이론의 지향점이 '효율성'에 맞춰져 있기 때문이다.

기성세대의 방식에도 자신이 추구하는 커피를 만들기 위한 나름대로의 법칙이 있다. 다만 수치로 나타낼 수 없는 것이지, 터무니없고 쓸데없는 궤변은 아니다. 과학자들의 화법을 빌리자면, 새로운 이론의 효율성을 증명했을 뿐, 기존의 이론이 틀렸다는 증명은 아니라고 해야 할까. 게다가 원래 '이론'이라는 것 자체가 특정 지식을 논리적으로 설명한 하나의 의견에 불과하다. 때문에 기성세대의 방식 또한 정량화할 수 없을 뿐이지, 오감으로 느낀 것을 기준으로 하는 일종의 이론으로 볼 수 있다.

솔직히 말해 나 또한 그런 이론의 열렬한 팬은 아니다. 하지만 기성세대가 이를 받아들인 것은, 내가 미처 알지 못하는 그들만의 경험과 무수히 많은 증명을 통해서였을 것이다. 그러므로 그들의 방식은 나름대로 의미 있고 결코 무시할 수 없으며, 무시해서도 안 되는 것이라고 생각한다.

커피를 배우는 우리는 언제나 수많은 이론과 방법 중에 본인에게 가장 잘 맞는 것을 찾고, 이를 바탕으로 자신만의 것을 구축해 나간다. 그러다 보면 언젠가 우리도 '기성세대'가 되는 날이 올 것이다. 그것이 허무맹랑해 보이는 방식일지라도, '맛있는 커피'를 만들기 위한 나름의 방법이라는 점은 변하지 않는다. 현재의 기성세대가 그러하듯이 말이다.

결국에는 모두 각각의 취지가 담긴 이론들이다. 게다가 어느 하나를 '정의'라고 하기에 커피는 아직도 밝혀내야 할 것이 너무나 많다. 오랜 시간이 흐르면, 그 허무맹랑해 보이는 장인정신과 방식들도 정량화할 수 있는 시대가 올 거라고 믿는다.

무엇을 위한
교육인가?

요즘은 커피교육의 장르가 참 다양해졌다는 생각이 든다. 커핑을 전문으로 하는 교육기관이 있는가하면, 커피의 향에 대해서만 교육하는 곳도 있다. 일사불란하게 에스프레소와 카푸치노를 가르쳤던 예전과 크게 달라진 모습이다. 하지만 그보다 더 놀라운 건 겨우 10년 전까지만 해도 '커피학원'이라는 단어 자체가 생소했다는 것이다.

내가 처음 커피를 만난 건 대학교 2학년 때였던 2003년 가을, 생애 첫 아르바이트를 구하러 찾아간 집 근처의 커피 프랜차이즈에서였다.

당시 나는 커피를 학문으로 여기지도, 내가 그 일을 직업으로 하게 될 줄도 생각지 못했다. 그건 그저 시급 3천원에 하루 한 잔 무료로 커피를 마실 수 있는 일용직이었을 뿐, 카페에서 커피를 만드는 사람이었지만 스스로를 '바리스타'라고 부를 생각도 해본 적이 없었다.

누가 "커피는 어떻게 시작하게 되셨어요?"라고 물으면, 나는 별 시답지도 않은 걸 궁금해 한다는 듯 "당연히 카페에서 일하며 시작하게 됐다"고 대답하곤 했다. "다들 그렇지 않나요?"라고 반문하면서 말이다.

그때의 커피인들은 대부분 그렇게 처음 커피를 만났다. 그 무렵 일찍이 혜안을 가지고 해외로 커피공부를 하러 가거나 기계를 연구하고, 서적을 독파한 분들도 있었지만 상당수가 '카페에서 일하는 사람'으로 커피 인생의 첫 단추를 끼웠다.

그런데 2007년에 드라마 〈커피프린스 1호점〉이 방영된 후로 판도가 급격하게 변했다. 커피를 하는 이들에게 모두 '바리스타'라는 이름이 붙여진 것이다. 바리스타가 되고 싶어 하는 사람들을 위한 커피학원이 생겨났고, 2009년 즈음에는 커핑 열풍이 불어 심지어 커피를 직업적으로 하지 않는 사람들도 큐 그레이더^{Q-grader} 자격증을 땄다.

지금은 산업의 규모가 점점 커지면서 다양한 배경의 사람들이 커피

업계로 모여들고 있다. 화학자나 물리학자들이 커피 일을 하고 있다는 사실도 이제는 그리 놀랍지 않다. 이들이 각자 자신의 배경을 토대로 교육용 키트나 로스터를 개발했다는 소식을 들으면 내 나이에 할 말은 아니지만 정말이지 격세지감을 느낀다.

이러한 흐름을 타고 자연스럽게 커피학원도 나름대로 전문성을 갖추게 되었다. 나 역시 여러 학원에서 '강사'라는 이름으로 일을 해왔지만, 가끔은 커피학원들의 다양한 교육주제 안에 중요한 뭔가가 빠져있다는 생각이 들곤 한다.

기본적으로 학원이란 무언가를 가르치는 곳이다. 학원의 설립 목적이 '전문기술자 양성'이라면 전문가가 되기 위한 기술을, '학자 양성'이라면 학문과 이론을 가르친다. 자격증 취득을 목표로 하는 곳에서는 시험과목을 강의하고, 여가활동을 취지로 운영되는 곳에서는 취미로 즐길 만한 거리를 교육소재로 삼는다. 국내 커피학원은 유형이 다양해지긴 했지만 대다수가 자격증 대비와 전문기술 교육을 지향한다.

특히 우리나라의 자격증 교육은 놀라운 수준이다. 어떤 시험과목이든 핵심을 파악해서 요령을 가르치는 한국식 교육은 이미 전 세계적으로 정평이 나있다. 2010년 국내에 큐 그레이더 시험이 처음으로 상륙했을 때, 그 누구도 이렇게나 많은 자격증 소지자가 생길 거라고 예상하지 못했다. 나 또한 2010년부터 2년간 큐 그레이더 전문학원의 교육팀장으로 일했지만, 당시 대표님과 '유행이 얼마 가지는 못할 것'이라고 이야기를 나눴던 기억이 난다. 응시료가 워낙 비싸서이기도 하지만, 무엇보다 난이도가 매우 높은 시험이기 때문이다. 5일이라는 짧은 시간 안에 총 23개 과목의 시험을 통과하기 위해서는 고도의 집중력과 강인한 체력, 그리고 커핑에 대한 폭넓은 지식과 능숙한 기술을 지니고 있어야 한다.

사실 큐 그레이더 시험은 전문교육기관이 생기기 전까지만 해도 여느 자격증처럼 사전 트레이닝을 거쳐 취득하는 것이 아니라, 이미 알고 있는 지식과 기술을 재확인하는 것이었다. '사전 트레이닝'이라는 개념도 없었으며, 시험만 연달아 치르거나 시험을 치르기 전 간단한 리뷰를 하는 것이 전부였다. 때문에 그때는 사전에 시험과목과 진행방식을 숙지하지 않으면 시험을 보는 것 자체가 불가능했다. 나도 큐 그레이더 시험을 보기 전까지 6개월가량 연습기간을 가졌는데, 수업이라기보다 커핑을 즐기는 몇몇 사람들과 머리를 맞대고 스터디를 하는 쪽에 가까웠다. 나중에는 먼저 해외에서 시험을 보고 온 이들이 조언을 해줬지만 매우 자율적인 분위기였기 때문에 준비기간이 길어질 수밖에 없었다. 하지만 최근에는 많은 학원들이 나름의 노하우를 가지고 그야말로 '족집게 과외'처럼 한두 달 만에 자격증을 딸 수 있는 시험 대비반을 운영하고 있다.

이전에는 세계 어디에도 한국과 같은 형태로 큐 그레이더 교육을 하는 곳이 없었기 때문에 우리나라를 방문했던 수많은 외국인 관계자들은 놀라움을 금치 못했고, 더러는 이를 벤치마킹하기도 했다. 세계적인 커피협회 중 하나인 유럽스페셜티커피협회Specialty Coffee Association of Europe, SCAE가 2015년 한 해 동안 한국의 시험 감독관 수를 통제하겠다는 공식 입장을 발표했을 만큼 한국의 교육열은 전례가 없을 정도로 높다. 국내의 바리스타 자격시험 가운데 가장 큰 규모로 치러지는 '바리스타 2급 자격증'의 소지자는 2015년 7월을 기준으로 약 13만 명에 달하는 것으로 추산된다.

2013년 겨울, 유럽스페셜티커피협회의 공인 트레이너Authorised SCAE Trainer, AST 교육 일정으로 영국 런던을 방문했을 때였다. 프로그램 중에는 참가자들이 한 명씩 주제 발표를 하고, 그룹 토의를 하는 시간이 있었다. 내 발표 주제는 '한국의 커피교육'에 관한 것이었는데, 그날 자리에 함께 했던 협회의 교육 담당자와 세계 각지의 커피 트레이너들은 어느 때보다 뜨거운 관심을 보였다. 세계적으로도 한국의 커피교육 시장은 당분간 꺼지지 않을 블루오션으로 알려진 지 오래다. 그로 인해 자격증 과잉이라며 안팎으로 지탄을 받기도 하지만, 이 '자격증'이라는 종이 한 장을 향한 열정이 한국의 커피 수준을 빠르게 끌어올렸다는 것에는 의심할 여지가 없다.

하지만 기술 교육에 있어서만큼은 조금 다른 이야기를 하고 싶다. 사람들이 커피학원을 찾는 이유야 제각각이겠지만, 대부분이 취업이나 창업을 위해, 다시 말해 커피를 만드는 기술을 배우기 위해 학원에 다닌다. 그리고 오직 극소수만이 대회 준비나 취미생활 차원에서 커피 공부를 한다.

시기가 얼마나 가깝고 먼가의 차이만 있지, 수강 목적은 대개 취업 아니면 창업이다. 설령 강사가 되고 싶거나 학원을 운영하고 싶어 수업을 듣는 경우라고 해도, 그들 또한 잠재적인 취업 준비생과 예비 창업자를 대상으로 교육할 것이다. 이들에게 추출과 로스팅 같은 것은 한 잔의 맛있는 커피를 만드는 지식과 기술이라기보다 업무나 사업에 활용하기 위한 일종의 수단이다. 다시 말해 지식과 기술을 배워 수익을 내야 한다는 이야기다. 학계에 이바지하겠다거나 커피산지의 삶의 질을 향상시키겠다는 원대한 꿈이 있지 않은 이상, 이 점은 변하지 않는다.

그러나 국내 커피학원들의 '기술 교육'은 지나치다 싶을 정도로 '커피를 만드는 기술'을 가르치는 데만 초점이 맞춰져 있다. 이들의 에스프레소와 카푸치노 제조 교육은 음료를 기본 '정의'에 맞게 만드는 것이다. 그라인더로 분쇄한 7~9그램의 원두를 포터필터portafilter에 담은 후, 에스프레소 머신의 추출버튼을 눌러 20~30초간 추출한 25~35밀리리터의 에스프레소를 데미타스demitasse에 받거나, 우유에 넣어 섞으면 임무 완료다.

그래서인지 학원에서 커피를 시작한 사람들에게는 공통점이 하나 있다. 바로 커피에 지나치게 집착한다는 점이다. 보통 카페에서는 주문이 들어오면 잔부터 준비한다. 따뜻한 아메리카노라면 잔에 뜨거운 물을 채우고, 차가운 아메리카노라면 얼음을 담는 식이다. 그런데 학원에서 먼저 커피를 배워 실무 경험이 없는 이들은 어김없이 포터필터부터 집어든다. 때문에 현장에서는 학원 출신 직원과, 속된 말로 '바닥부터 시작한' 현장 출신 직원 간에 마찰이 일어나곤 한다. 그 정도가 가장 심한 곳은 역시 카페인데, 내가 경험했던 매장 중 극단적인 두 곳을 예로 들어 설명해보려 한다.

앞서 말했듯이 내가 처음으로 일했던 카페는 번화가의 한 커피 프랜차이즈였다. 대여섯 명의 바리스타들이 바 안에서 동시에 일을 하고, 피크타임이면 수백 잔의 음료가 팔려 나가는 아주 바쁜 매장이었다. 그곳은 주문을 받는 사람부터 에스프레소를 뽑는 사람, 블렌더에 재료를 넣는 사람, 블렌더를 돌려 음료를 만든 후 잔에 담는 사람, 음료 위에 소스를 뿌리는 사람, 그리고 완성된 음료를 손님에게 건네는 사람까지 직원들의 동선이 세분화되어 있었다. 심지어 주문이 밀렸을 때는 에스프레소를 뽑는 사람 옆에서 탬핑tamping만 하는 사람이 따로 있을 정도였다.

잔과 샷, 주문표 모두가 하나의 방향으로 조금도 흐트러짐 없이 움직였고, 직원들은 일일이 묻고 답하지 않아도 매 순간 자신이 해야 할 일을 알고 재빠르게 행동했다. 주문량이 얼마가 됐든 음료는 제때 손님들에게 제공되었다. 어쩌다 간혹 동선이 꼬이거나 역할이 바뀌어도 다시 원래의 리듬으로 돌아가 오차 없이 하던 일을 이어갔다. 흡사 컨베이어 벨트가 연상되는 광경이었지만, 아직까지도 소스통 위치가 눈에 선할 만큼 그 매장의 작업 동선은 내가 경험한 것 중 최고였다.

카페 창업은 늘 시작할 때의 규모가 어떻든 간에 훗날 지금보다 더 확장될 것이라는 전제가 깔려있기 마련이다. 때문에 일하는 사람의 동선은 처음 창업을 시작할 때부터 카페가 확장한 후에도 매장이 동일하게 운영될 수 있도록 구성해야 한다. 그런데 여기가 바로 그런 곳이었다. 이곳은 손님이 하루에 한 명일 때나, 천 명일 때나 변함없이 똑같은 형태로 운영됐다.

물론 반대의 경우도 있었다.

프리랜서로 전향한 지 얼마 안됐을 때는 수입이 기본적인 생활비를 충당하기에 충분하지 않았기 때문에 일주일 중 며칠은 커피숍에서 일을 해야 했다. 그때 일했던 매장들 가운데 한 곳의 동선이 아주 인상적이었는데, 대략 열 평 남짓한 작은 커피숍의 입구에는 계량저울이, 바의 안쪽에는 원두가, 바의 바깥쪽에는 포장 봉투가, 그 반대편에는 실링기가 위치해 있었다. 그래서 원두를 포장하려고 하면 원두 무게를 재고, 봉투에 담는 동안 몇 번이고 바의 안팎을 드나들어야 했다.

한편 이곳은 손님과의 일대일 서비스를 추구하는 곳이어서 원두는 정감 있게 핸드밀로 갈고, 손님들이 있는 자리로 가서 직접 핸드드립을 했다. 넉넉한 크기의 트레이도 없어서 테이블로 드리퍼와 드립서버를 가지고 나가 커피를 내린 후, 황급히 드리퍼를 바 안쪽의 싱크대로 들고 와야 했다. 그런 다음 잔을 들고 나가 커피를 나눠 담고 다시 드립서버를 가지고 왔다.

이 비효율적인 운영방식을 소화해야 하는 직원은 단 한 명이었다. 한번은 네 명의 일행이 전부 다른 종류의 커피를 주문한 적이 있었는데, 첫 번째 음료가 다 식을 때까지 네 번째 음료는 제공되지도 못했다. 혹시라도 여러 팀이 한꺼번에 몰려오면 길고 긴 대기 시간을 기다리지 못하고 매장을 떠나는 것이 부지기수였다. 그렇게 매장을 떠난 손님들이 다시 그곳을 찾아올지도 미지수였다.

처음에 오너는 번거롭더라도 이 방식을 고수하길 원했다. 하지만 시간이 한 달 가까이 지나고, 카페에 손님이 늘어나자 더 이상 유지할 수 없게 되었다. 동선 자체에 문제점이 너무 많았고, 이를 유지하기에는 직원도 터무니없이 부족했기 때문이었다. 오너의 발상이 잘못됐다고 비난하려는 것은 아니다. 모든 카페에는 그만의 컨셉과 운영방침이 있다. 아마도 오너는 카페를 찾는 손님들에게 특별한 경험을 선사하고 싶었을 것이다. 오너의 의도대로 운영되기만 했으면 핸드드립을 눈앞에서 보여주는 방법으로 손님들과 함께 커피의 즐거움을 나눌 수도 있었을 것이다. 하지만 오너가 이러한 컨셉을 계속 지키고 싶었다면 그것이 실질적으로 이루어질 수 있는 방안을 마련해야 했다.

이렇게까지 극단적인 사례가 아니더라도 우리 주변에는 규모가 커졌을 때에 전혀 대비하지 못한 커피숍이 얼마든지 있다. 훌륭한 품질의 커피를 취급하면서도 매장 관리가 전혀 안 되고 있거나, 커피에 관해 해박한 지식을 지니고 있음에도 그것을 제대로 발휘하지 못하는 곳들 말이다. 커피 추출과 로스팅 기술은 가르칠지언정 그것을 실무에 어떻게 적용하고 응용해야 하는지를 알려주는 곳이 드물기 때문이다. 에스프레소 머신 옆에는 잔이, 로스터 옆에는 생두가 있어야 한다는 것을 말하는 게 아니다. 카페를 비롯한 모든 현장에는 언제나 일관되게 지켜져야 하는 작업지침이 있다.

맛있는 커피를 만드는 기술은 이러한 작업지침에 따라 부분적으로 활용되어야 한다. 만약 기술 교육이 이를 전혀 고려하지 않은 채로 이루어진다면, 교육환경과 완벽하게 동일한 조건이 아닌 이상 실전에 응용하기가 어려워진다. 때문에 기술 교육은 실무를 이해하고, 그 일부가 상황에 따라 변형될 수 있다는 여지를 남겨 두어야 한다. 커피를 추출해서 잔에 담는 일이 매장의 흐름에 맞게 항상 일정하게 실행될 수 있도록 그만의 동선과 방식을 찾아야 하는 것이다. 아무리 한 개인이 훌륭한 기술을 지니고 있어도 이를 현장에서 지속할 수 없다면 의미가 없기 때문이다.

　비단 카페만의 이야기가 아니다. 로스팅과 커핑도 한 배치batch의 로스팅이나 한 테이블의 커핑으로만 인식하면, 이것이 실무에서 변형될 수 있다는 것 자체를 잊어버리게 된다. 때문에 교육자들은 한 배치 한 배치 예술작품을 만들 듯 로스팅하는 기술과 더불어 그것이 실제 제조업장에서는 어떤 시스템으로 돌아가는지 가르쳐야 한다. 커피에 알맞은 점수를 매기는 능력도 중요하지만 그것을 실전에서 응용하는 방법도 알려줄 필요가 있다.

　결국 추출, 커핑, 로스팅 등의 지식과 기술은 하나의 아이템일 뿐이다. 어떤 기술이든 궁극적으로는 사업에 활용되어 품질과 이윤을 극대화한다는 얘기다. 하지만 이 아이템을 사업으로 구현하려면 우선 시스템이 마련되어야 한다. 이를 위해서는 '커피를 만드는 기술'을 변형 불가능한 작품이 아니라, 활용 가능성이 있는 대상으로 보는 시각이 필요하다.

　커피가루를 포터필터에 담는 것에서부터 에스프레소를 잔에 담는 것까지, 전 단계를 분리시켜 기존의 시스템에 적용시킬 수 있는 눈을 가져야 한다. 여기서 말하는 시스템은 가공이나 유통업계라면 가공설

비와 유통과정이, 카페와 같은 서비스업계라면 작업 동선과 운영방식
이 될 것이다.

　물론 지식과 기술만 가르치고, 나머지 시스템적인 부분은 학생들
개개인의 몫으로 남기는 것이 나름의 교육방식일 수도 있다. 하지만
학생들에게 이를 응용할 수 있는 가능성조차 열어주지 않는다면, 그것
은 전문기술이 아닌 한낱 예술이 되고 말 것이다. 현장 출신과 학원 출
신이 갈등을 겪는 것도 이 '기술'이라는 것에 대한 인식의 차이에서 비
롯된다.

　학원은 언제나 정의와 이론을 중심으로 이상을 가르치고, 현장은
효율성을 최우선으로 현실을 가르친다. 그로 인해 학원과 현장은 종종
서로의 교육방식을 돼먹지 못한 것으로 치부하거나, 그곳에서 배우는
것들을 불필요한 지식이라며 부정하기도 한다. 하지만 진정한 기술 교
육이라면, 이 두 가지를 조화롭게 아울러 '최선의 현실'로 나아갈 수 있
는 진짜 지식과 진짜 기술을 가르쳐야 한다. 그것이 기술 교육을 하는
이유이자 교육자의 의무다.

커피교육기관 알아보기

1 일반 교육기관

인터넷에 커피학원이라고 검색하면 나오는 대부분의 교육기관이 여기에 해당된다. 바리스타 자격증 대비반을 운영하는 곳이 가장 많고, 커핑 자격증 대비반이 그 뒤를 따른다. 교육은 보통 한 달 단위로 진행되지만 구체적인 기간은 수업내용에 따라 조금씩 다르다. 정부지원 계좌제나 실업자와 직장인을 대상으로 하는 배움카드 등을 통해 저렴하게 교육받는 방법도 있다. 단, 일반 교육과정과는 커리큘럼이나 수강인원이 다를 수 있으니 사전에 꼼꼼히 따져봐야 한다.

2 기업 운영 교육기관

식품업체에서 운영하는 교육기관이다. 수업은 거의 소규모로 진행되며, 무료 단기 교육뿐 아니라 기업이 원하는 인재를 채용하기 위한 장기 교육도 있다. 이곳에서 교육과정을 수료하면 입사나 창업을 할 때 유리한 혜택을 주는 경우도 많다. 기업이 투자하는 형태로 운영되는 만큼, 유명 연사의 강의를 매우 저렴한 비용이나 무료로 들을 수 있는 기회가 자주 생기니 관심 있게 찾아보자.

커피교육을 받고 싶은데 어디부터 찾아가야 할지 모르겠다면, 다양한 형태의 커피교육기관들 중 자신의 여건과 목적에 맞는 곳을 선택해보자.

3 학교 부설 교육기관

2~4년제 대학 및 대학원의 부설 교육기관으로, 대개 학기제로 운영된다. 주로 식음료, 호텔, 관광, 서비스 관련 학과에서 운영하며 정규학과의 학점은행제로 교육을 하는 곳들도 있다. 몇몇 학교 부설 교육기관은 커피학원과 달리 학사 혹은 석사과정과 연계해 식품학, 서비스, 경영학 등의 내용도 다루기 때문에 넓은 분야에 걸쳐 교육을 받고 싶다면 매우 유익할 수 있다.

4 커피행사 내 특별 강연 및 체험관

대다수의 국내외 커피행사는 특별 강연이나 체험관을 운영하며, 이곳에서는 추출, 로스팅, 커핑 같은 일반적인 내용을 비롯해 커피 농경학, 식물학, 화학 등 다양한 전문지식을 배울 수 있다. 유명 강사의 강의를 비교적 저렴하게 들을 수 있는 기회니 평소 관심 있는 주제나 연사가 있다면 학원으로 바로 달려가기 전에 여기서 먼저 맛볼 것을 추천한다.

5 단기 또는 일일 세미나

주택가 인근 카페나 인터넷 동호회에서 비정기적으로 열리는 세미나를 말한다. 최근에는 오픈 테이스팅처럼 카페에서 판매하는 커피를 맛보며 핸드드립이나 커핑에 대해 간단한 교육을 받는 형태로도 많이 운영되고 있다. 정규 교육기관이 아닌 만큼 수업료라고 해도 재료비 정도만 받기 때문에 가격이 저렴하다는 게 큰 장점이다. 카페의 경우에는 기초적인 내용의 단기 교육이 주를 이루지만, 동호회에서는 종종 심도 깊은 일일 세미나를 열기도 한다. 참여하고 싶다면 커피관련 동호회나 블로그, 홈페이지 등에 공지되는 수업 소식을 부지런히 알아보자.

03

로스팅에
정답은 없다

커피학원을 찾는 학생들에게 어떤 분야에 가장 흥미가 있냐고 물으면 압도적으로 많은 이들이 '로스팅'이라고 답한다. 열 명에게 물어보면 적어도 3명 정도는 로스터를 꿈꾸고, 남은 7명 중 4~5명은 장래에 로스터리 카페를 창업할 계획을 갖고 있다. 로스팅을 하지 않는 직업을 목표로 하거나 로스터리가 아닌 카페를 운영하고 싶어 하는 사람은 극소수에 불과하다.

이를 방증이라도 하듯, 유독 국내에는 로스터리 카페들이 많다. 실제로 대표적인 커피 메카인 홍대 카페거리를 거닐다 보면 못해도 두 집

걸러 한 집 꼴로 로스터리 카페를 만날 수 있다. 나도 나름 해외를 많이 다니는 편이지만, 우리나라만큼 로스터리 카페의 비율이 높은 나라는 아직 보지 못했다.

사람들은 어째서 이렇게나 로스팅에 열광하는 것일까?

사실 카페에서 로스팅을 하는 일은 생각보다 번거롭다. 영업시간에 로스팅을 하려면 그동안 로스터를 대신해 매장을 봐줄 사람이 필요하고, 영업 시간 이후에 로스팅을 하면 밤늦게까지 근무할 수밖에 없다. 이런 식으로 초기 투자비용이나 인건비를 계산해보면 '원가 절감'도 그다지 크지 않을뿐더러, 오히려 원두를 사서 쓰는 것보다 원가가 높아질 수도 있다. 게다가 매 배치batch마다 커피 맛이 완전히 똑같을 수는 없기 때문에 단골 장사일 경우 손님들의 문의나 클레임이 생각보다 많이 들어온다. 로스팅을 하면서 소소한 즐거움을 누릴 수도 있겠지만, 본격적으로 원두 납품을 하게 되면 이마저도 곧 지루하게 느껴지는 순간이 온다. 동일한 커피를 동일한 방식으로 수십 번씩 반복해서 볶는 일은 어지간히 로스팅을 사랑하지 않고서야 재미를 찾기가 힘들다. 그럼에도 사람들은 '직접 볶은 원두를 파는 것'에 대한 욕구가 큰 편이다. 아마도 그건 '내가 원하는 맛을 낼 수 있다'는 로스팅의 매력 때문일 것이다.

맛있는 커피를 만드는 데 가장 중요한 요소는 무엇일까? 로스팅일까, 추출일까? 보통은 로스팅과 추출을 이야기하지만 정답은 생두다.

쉽게 말해, 좋은 생두를 쓰면 되는 것이다. 하지만 대개 좋은 생두는 가격이 비싸고, 그나마도 저렴한 가격으로 구매하려면 산지와 직접 거래할 수 있는 통로를 확보해야 한다. 하지만 대부분의 사람들에게는 그럴 능력이 없고, 이왕이면 낮은 가격으로 가능한 맛있는 커피를 만들고 싶어 한다. 로스팅이 맛없는 커피를 맛있게 만들어주진 못하지만 적어도 맛없는 커피를 덜 맛없게 만들어줄 수는 있다. 제한적이긴 하지만 로스팅은 로스터의 의도대로 커피를 변형시킬 수 있는 가장 현실적인 방법인 것이다.

그런데 정작 학원에서 로스터를 마주하면 맛없는 커피를 덜 맛없게 만드는 것보다 맛있는 커피를 맛없게 만드는 것이 훨씬 더 쉽다는 것을 실감하게 된다. 강사의 로스팅을 그대로 따라해도 학생이 볶은 커피는 언제나 강사가 볶은 커피와 전혀 다른 맛을 낸다. 그래서 학생들은 '강사의 커피'라는 정답을 정해 놓고 그것에 가까워지기 위해 노력한다. 학생들이 강사의 손짓 하나하나에 '맛있는 커피를 만드는 비법'이 숨겨져 있다고 믿는 데는 그리 오랜 시간이 걸리지 않는다. 그래서인지 로스팅만은 사람들이 꼭 학원을 고집하지 않으며, 로스팅 실력이 뛰어난 로스터들에게 '가르침'을 받길 원하는 이들도 있다. 이는 한국의 커피 1세대부터 지금에 이르기까지 줄곧 이어지고 있는 현상이다. 커피가 맛있다고 소문난 로스터리에서 열량을 조절하는 '비법'을 배우기 위해 2~3일

동안 수백만 원의 '기술 전수비'를 지불했다는 사람도 만난 적이 있다.

이런 식의 기술 전수에는 한 가지 공통점이 있는데, 바로 '가르치는 사람의 커피'라는 정답이 있다는 것이다. 이것은 실제로 눈에 보이는 것은 아니지만, 최소한 '가르치는 사람이 생각하는 이상적인 커피'라는 형태로 존재한다.

로스팅은 기본적으로 열화학 반응을 이용한 조리다. 일정한 밀도와 수분을 지닌 생두에 열을 어떻게, 얼마나 가하느냐에 따라 맛과 향이 저절로 나타날 뿐, 로스터가 어떤 맛과 향을 자유자재로 넣고 빼지는 못한다. 생두가 가진 특성 전체를 100%로 봤을 때, 그중 몇 %나 발현시킬 수 있는가 하는 문제지, 로스팅 기술로 100%를 101%로 인위적으로 늘릴 수는 없다.

게다가 100%에서 50%를 일정하게 발현시킨다 하더라도 그 50%의 구성 성분은 매번 달라진다. 아무리 한 자루에 담겨있던 생두여도 알갱이마다 밀도와 수분함량이 제각각이고, 동일한 방식으로 로스팅을 한들 드럼 안에서 일어나는 현상까지 일일이 통제할 수는 없기 때문이다. 그래서 설령 강사라고 해도 자신이 목표로 하는 이상적인 커피를 항상 똑같이 만들어낼 수는 없다. 그럴 확률은 큰 다트판에 다트핀을 던져 좀 전에 꽂았던 구멍에 한 번 더 명중시키는 정도라고 해야 할까.

그러나 로스팅에도 분명 '경향성'이라는 것은 있다. 열을 전달하는 방식과 시간에 따라 고정적으로 나타나는 커피 향미가 있다는 뜻이다. 처음 로스팅 이론을 배울 때 듣게 되는 '생두를 덜 볶으면 향과 신맛이 강해지고, 많이 볶으면 향이 약해지고 쓴맛이 난다'는 말도 일종의 경향성이다.

여기에 '열량 조절'이나 '로스팅 시간' 따위의 인위적인 요소를 더하면 '열량이 지나치게 강하면 자극적인 신맛과 쓴맛이 동시에 난다'거나 '로스팅 시간이 길어지면 향이 약해진다'는 식으로 표현할 수 있다. 생두의 특성까지 보태면 '이 생두는 밀도가 낮아서 열량을 강하게 하면 쉽게 탄다'로 정리되기도 한다.

그런데 이때, '열량을 강하게 하면 안 된다'거나 '열량을 강하게, 배전 시간을 짧게 조절해야 한다'고 하면, 다소 오해의 소지가 생긴다. 아주 미묘한 차이긴 하지만 두 가지 설명은 엄연히 다르다. 전자의 경우는 '이렇게 하면 이렇게 된다'는 경향성을 말하는 것이지만, 후자의 경우는 '이럴 때는 이렇게 해야 한다'며 이미 정답과 오답이 정해진 것이기 때문이다. 흔치 않지만 커피의 향을 일부러 약하게 하고 탄맛과 쓴맛을 강조하는 경우도 있다는 것을 간과해선 안 된다.

잠시 이야기를 돌려 다양한 문화권의 커피를 살펴보자.

스타벅스가 한국에 상륙했던 1999년 무렵의 커피는, 모두가 '커피'

하면 연상할 수 있는 쓴맛이 강한 강배전 커피였다. 그러다 2010년 즈음 스페셜티 커피에 대한 인식이 높아지면서 원두의 배전도가 전반적으로 낮아졌고, 커피 프랜차이즈들도 홍보 전면에 '중배전'이나 '미디엄 로스팅' 같은 이름을 내걸었다. 그렇다면 이러한 흐름을 '틀린 것에서 옳은 것으로의 변화'로 봐야 할까?

호주와 홍콩, 북유럽 등 몇몇 국가의 스페셜티 커피업계는 한국 시장이 쉽게 용납하지 못하는 밝은 색깔의 원두를 취급한다. 심지어 북유럽에서는 아그트론 넘버^{Agtron number}가 90인 원두를 판매하는 곳도 있다. 커피의 풍부한 향을 최대한 지키려 한다는 것이 그들의 설명인데, 이것은 한국 시장을 기준으로 옳은 것일까? 틀린 것일까?

나는 전에 가르쳤던 학생이나 지인들의 카페를 방문할 때마다 '우리 가게 로스팅에 잘못된 부분은 없냐'는 질문을 받곤 한다. 그러면 나는 도리어 그들에게 '어떤 맛을 내고 싶었냐'고 되묻는다. 애당초 로스팅에 옳고 그름은 없다. 엄밀히 말해 커피의 향미는 생두와 열이라는 두 가지 요소가 로스팅을 통해 만들어내는 수천만가지 경우의 수 중 한 가지 조합일 뿐이며, 로스팅을 배운다는 건 그 조합의 경향성을 파악하는 것이다. 만약 로스팅에 정답이 있다면, 그건 로스터가 의도한 방향이다.

사람과 공간에는 문화적 배경이 작용하기 마련이다. 굳이 호주나 북유럽처럼 멀고 먼 외국의 사례를 들지 않아도 된다. 테이블에 마주 앉아 커피를 마시는 사이에도 취향의 차이는 있기 때문이다. 모든 로스터에게는 저마다 기호에 맞는 각자의 정답이 있고, 그것에 동감하는 사람들은 계속해서 그 커피를 찾는다. 비슷한 맥락에서 애초에 '대중의 취향'이라는 것도 없다. 세상에는 수없이 많은 '대중의 커피'가 있고, 그중 어떤 것을 선택할지는 순전히 로스터의 몫이다. 사람들이 말하는 '대중의 취향'에 따라 바뀌는 순간, 로스터가 기존에 추구했던 커피를 찾는 또다른 대중은 더 이상 그의 커피를 찾지 않게 될 테니 말이다.

04

메뉴 개발과
스페셜티 커피

커피를 좀 배웠다는 사람들의 주된 관심 분야가 로스팅이라면, 이제 막 커피를 시작한 사람들에게 가장 높은 호응을 얻는 것은 단연 메뉴 개발이다. 커피학원 수강생이나 대학 졸업을 앞둔 학생들과 상담하다 보면 이런 질문을 제법 자주 받는다.

"전 나중에 메뉴 개발 쪽 일을 하고 싶은데, 어떻게 해야 할까요?"

하지만 안타깝게도 나는 이 질문에 해줄 수 있는 대답이 별로 없다.

나부터도 개발자였던 적이 없기 때문이다. 그래서 그저 식품학과 출신을 우대하고, 대회에서 수상한 실적이 있으면 경력직으로 스카우트되기도 한다는 말밖에는 못한다. 커피뿐 아니라 모든 식품업계가 개발자를 채용할 때 식품학과 전공자를 선호한다. 그런데 실상 식품학과 출신 개발자 중에는 커피라는 재료에 대한 이해가 부족해 난감해하는 사람들이 많다.

식품학과 전공자는 식품의 구성 성분이나 가공 과정 전반에 대한 지식이 해박하다. 그러나 메뉴 개발이라는 일이 식품 전반에 대한 지식을 비롯해 주재료를 다루는 기술을 필요로 하다 보니 커피를 직접 취급해본 경험이 없는 이들로서는 막막한 부분이 많다. 새로운 커피음료를 만든다고 했을 때, 커피를 어떻게 추출해서 어떤 향미를 낼지 계획을 세우고, 결과물이 제대로 나왔는지를 평가하기가 어렵기 때문이다. 기본적인 커피추출 방법과 에스프레소 머신 사용법을 배운다고 해도 원하는 수준이 되기까지는 오랜 시간이 걸린다. 그래서 식품을 전공했다가 얼떨결에 커피를 취급하면서 난관을 겪게 된 개발자를 자주 봤다. 하지만 정작 이런 이유로 일을 그만두는 식품학과 출신보다, 다른 이유로 일을 그만두는 바리스타 출신이 훨씬 많다. 나는 비록 개발자가 되는 방법을 알려줄 순 없지만, 지금부터 개발자가 되지 못한 바리스타들의 이야기를 조금 나눠볼까 한다.

바리스타 출신인 사람이 메뉴 개발자가 되는 것은 보통 대회 경력이나 스카우트를 통해서다. 그러나 이렇게 기업에 입사한 바리스타들 중에는 업무 스트레스를 견디지 못하고 단기간에 퇴사하는 사람들이 적지 않다. 주변 사람들은 대개 그 이유가 식품에 대한 이해가 부족해서라고 생각하곤 한다. 커피에 관한 지식만 있을 뿐, 식품은 잘 모르기 때문이라고 보는 것이다. 하지만 앞서 말했듯이 바리스타 출신 개발자는 식품학과 전공자에 비해 커피 자체에 대한 이해도가 더 높다.

커피음료를 하나 개발한다고 가정해보자. 식품학과 출신이라면 커피와 함께 쓰지 말아야 할 재료나 제조과정에 문제가 발생했을 때의 원인을 비교적 쉽게 파악할 것이다. 다양한 재료들 간의 성분 변화를 보면 되기 때문이다. 반면 바리스타는 이런 점에서 부족하지만 커피가 지닌 향미 특성과 이를 발현시키는 방법은 경험적으로 잘 알고 있다.

때문에 실제 현장에서는 서로 배경이 다른 사람들이 협업을 하는 경우가 대부분이다. 바리스타 출신 개발자가 메뉴의 전체적인 컨셉을 구상하면, 식품학과 출신 개발자가 제품화 단계에 해당되는 업무를 수행한다. 만약 설비나 시스템에 이상이 생기면 생산 라인에 있는 직원들의 도움을 받는다. 누구도 바리스타 출신 직원들에게 커피에서 향을 채집하거나 원심분리를 하라고 요구하지 않는다. 그래서 커피 개발을 맡은 입장에서는 '부족한 전공지식'이 그렇게까지 큰 문제는 아니라고 한다.

물론 식품을 전공하지 않아서 겪는 어려움이 있는 것도 사실이지만 바리스타 출신 연구원인 한 지인의 말에 따르면, 근본적인 문제는 전문지식의 유무가 아니라 사고방식의 차이라고 한다.

대체로 바리스타들은 커피음료를 제조할 때 눈대중으로 개량하거나 맛을 봐가면서 재료의 양을 맞춘다. 이에 반해 식품학과 출신 개발자는 재료의 정확한 규격과 중량, 비율 등을 수치화해서 기억한다. 메뉴를 '개발'한다는 건 제품화를 한다는 의미이기 때문에 규격화와 메뉴얼화가 필수적이다. 어떤 지인은 처음 일을 시작하고 나서 이 부분이 제일 힘들었다고 했다.

에스프레소, 초코소스, 우유가 들어가는 카페모카를 만든다고 했을 때 첫 번째 테스트의 맛이 마음에 들지 않으면, 아마 대부분의 바리스타들은 레시피를 달리 해서 다시 음료를 만들 것이다. 그러나 일반적으로 연구원들은 원안原案에 재료를 계속 추가하면서 맛을 보고, 원하는 조합이 나오면 재료의 양을 거꾸로 계산해서 레시피를 구한다. 꼭 '초코소스'가 아니더라도 당과 초코 향을 조합하는 방식으로 초코 맛의 비율을 조절할 수도 있다. 누군가에게는 굉장히 생소한 개념일 수 있지만 이 역시도 일을 하다 보면 나름 요령이 생기기 마련이다.

하지만 바리스타 출신이 모두가 선망하는 기업의 개발자가 되고도, 뒤도 돌아보지 않고 미련 없이 그 자리를 떠나는 건 정신적인 이유가 더 크다.

첫 번째는 기업의 '메뉴 개발'이라는 직무가 갖는 특성 때문이다. 바리스타들이 처음으로 음료 개발을 배우고 체험하게 되는 것은 대회에서 선보일 시그니처signature 메뉴를 만들 때나, 대학의 졸업 작품을 준비할 때다. '서명'이라는 뜻의 이름 그대로 시그니처 메뉴에는 바리스타의 철학과 기술이 담겨있다. 좋은 점수를 얻기 위해 자신만의 기술을 집약하고 최상의 맛을 낸다. 누구도 음료의 단가나 소비자 가격을 염두에 두진 않는다. 대회에서든 졸업 전시에서든 일시적으로 선보일 음료이기 때문에 다른 사람이 만들 때의 효율성 같은 것도 고려할 필요가 없다.

하지만 실무에서는 상황이 좀 다르다. 개발된 메뉴는 어느 곳에서

나 맛이 동일해야 한다. 메뉴를 혼자 개발해 혼자 만드는 1인 체제의 카페가 아닌 다음에야, 바리스타 개인의 실력을 뽐낼 수 있는 고도의 기술보다 누구나 쉽게 똑같은 맛을 낼 수 있는 효율성이 더 중요하다. 또한 시장이 받아들일 수 있는 가격을 책정하려면 사용가능한 재료도 한정적일 수밖에 없다. 가끔은 재료나 맛이 썩 마음에 들지 않아도 타협을 봐야 한다.

언젠가 몇몇 기업의 바리스타 출신 메뉴 개발자들과 대화를 나눌 기회가 있었다. 이들은 소속도, 만드는 제품의 성격도 전부 달랐지만 하나같이 '단가와의 싸움'을 가장 큰 업무 스트레스로 꼽았다. '단가와의 타협'은 그들이 이제껏 바리스타로서 지향해왔던 스페셜티 커피의 세계관에 완전히 위배되는 행동이기 때문이다. 일반 카페에서도 단가 문제 정도는 고려한다고 항변하는 이들이 있겠지만, 원이나 전銭 단위까지 따지는 경우는 드물 것이다.

두 번째 이유는 커피라는 음료에 대한 견해 차이에 있다.

커피업계에는 스페셜티 커피에 대한 열정으로 일하는 사람들이 있다. 이들은 큰 이익을 원하지 않을뿐더러 도리어 커피를 사업적인 수단으로 여기는 것을 경시한다. 업계에서는 이들을 속된 말로 '커피쟁이'라고 한다. 보통은 별다른 현장 경험 없이 학원가를 전전하며 많은 커피지식과 기술을 갈고 닦은 사람들이 커피쟁이의 길에 입문한다.

그들에게 커피는 그 자체로 완벽하다. 때문에 음료를 하나 만들 때도 어떤 재료가 함께 들어가든 커피의 향과 맛을 가장 우선시한다. 가공과정에서는 커피의 향미를 해치지 않으려 하며, 커피와 물만으로 이루어진 검은색 반투명 액체 형태를 선호한다. 그들은 스스로를 '커피하는 사람'이라고 말하지만 인스턴트커피업계는 동종 업계로 보지 않는 경향이 있다. 게다가 스페셜티 커피업계에 몸담고 있어도 커피의 품질에 직접적으로 관여하지 않는 사무직 종사자들은 '커피하는 사람'이 아닌, 회계 담당자나 영업직이라고 부른다. 커피 역시 일정 수준 이상의 스페셜티 커피만 인정하고, 심지어 인스턴트식품으로 가공되는 커머셜commercial 커피는 '공업용'으로 치부하기도 한다.

그렇다면 과연 그들이 지향하는 스페셜티 커피란 무엇일까?

이 질문에 대답하기 위해서는 먼저 '써드 웨이브3rd wave(제3의 물결)'라고 하는 현재의 커피문화에 대한 이해가 필요하다. '스페셜티 커피'라는 단어가 처음 등장한 것은 1970년대지만, 요즘처럼 시장이 형성되고 자리를 잡게 된 것은 2000년 무렵의 일이다.

커피시장의 흐름을 처음으로 정리한 사람은 미국 렉킹볼 커피 로스터스Wrecking Ball Coffee Roasters의 트리쉬 로드갭Trish Rothgeb이다. 그녀는 미국스페셜티커피협회Specialty Coffee Association of America, SCAA 내 로스터스 길드Roaster's Guild의 뉴스레터인 더 플레임 키퍼The Flame Keeper의 2002년도 11월호를 통해 써드 웨이브의 개념을 소개했다.

인류의 역사 속에서 커피는 왕족이나 귀족이 마시는 귀한 음료였다. 조선 말기의 고종 암살을 소재로 한 영화 〈가비〉에도 이러한 커피의 가치가 잘 드러나는 장면이 나온다. 주인공 '따냐'가 커피를 비싼 가격에 밀거래하는 장면이나 고종 황제의 환심을 사기 위한 수단으로 생두를 구하는 장면 등을 예로 들 수 있다. 커피나무는 주로 고산지대에서 재배되기 때문에 과거에는 열매를 수확하는 데 많은 위험이 따랐다. 커피체리를 따는 피커picker들이 다치거나 실족사할 가능성이 있었기 때문이다. 그만큼 커피는 값비싼 노동력을 기반으로 한 사치품이자, 일반인들은 접하기 어려운 소수의 특권층을 위한 음료였다. 그런 커피시장에 일대 혁명을 가져온 것이 인스턴트커피였다.

제1차 세계대전 당시 인스턴트커피가 군인들에게 전투식량으로 보급되었고, 제2차 세계대전 때는 혈장 보관 기술을 응용해 만든 동결건조식 인스턴트커피가 제공되었다. 이를 통해 네슬레Nestle, 맥스웰하우스Maxwell House, 폴저스Folgers 등의 커피회사들은 엄청난 수익을 거뒀고 업계 선두로 서는 초석을 다질 수 있었다. 종전 후에는 전시 당시의 커피들이 일반 가정에서 소비되기 시작했다. 커피시장의 규모가 커지면서 산지의 생두 수확량도 빠르게 늘어났고, 낮은 품질의 원두를 분쇄해서 판매하는 브랜드도 생겨났다. 트리쉬는 그렇게 미국의 가정에서 대중적으로 커피를 즐기게 된 것을 두고 퍼스트 웨이브^{1st wave}(제1의 물결)라고 이름 지었다.

그러다 1960년대 커피 프랜차이즈인 피츠 커피^{Peet's Coffee}를 계기로 미국에 이탈리아의 에스프레소가 본격적으로 소개되었으며, 1971년 시애틀에서 출발한 스타벅스^{Starbucks}가 글로벌 브랜드로 성장하면서 세계적으로 테이크아웃 커피 붐^{boom}이 일었다. 스타벅스는 신선한 커피를 바로 추출해 소비자의 기호에 맞게 우유나 시럽, 소스 등을 넣어 음료를 만들었고, 이는 세계인들을 열광시켰다. 특히 디카페인 커피를 활용한 디카페인 라떼는 소비자들의 니즈^{needs}를 반영한 최고의 아이템이었다. 현재 대부분의 커피 프랜차이즈가 이러한 방식을 따르고 있으며, 트리쉬는 이 시기를 세컨드 웨이브^{2nd wave}(제2의 물결)라고 일컬었다. 국내에 세컨드 웨이브가 상륙한 것은 1999년, 이화여대 앞에 스타벅스 1호점이 들어서면서부터다. 가정용 커피메이커로 하우스 블랜드나 헤이즐넛 커피를 뽑아주던 90년대의 카페와 비교하면 획기적인 변화였다. 당시 크림이 듬뿍 올라간 프라푸치노를 들고 신촌 일대를 걸어 다니는 여성의 모습은 유행에 민감한 이화여대 학생들을 대표하는 이미지로 여러 매체에 소개되기도 했다.

이처럼 초창기 에스프레소는 보통 강배전된 원두로 추출했고, 카페에서 판매하는 음료의 부재료라는 인식이 강했다. 그러던 중 미국, 캐나다, 호주 등지에서 커피에 대한 새로운 논의가 이루어지기 시작했는데, 트리쉬는 이를 써드 웨이브라고 이야기했다. 써드 웨이브는 스타벅스에 대항해 경쟁력을 갖추고자 했던 소규모 커피업자들 사이에서 발생했다. 미국의 써드 웨이브를 이끈 3대 스페셜티 커피회사인 인텔리젠시아Intelligentsia, 스텀프타운Stumptown, 카운터컬처Counter Culture는 모두 1990년대 중후반에 설립됐다. 써드 웨이브에서는 최고의 커피를 만들기 위해 생두의 품종부터 재배, 가공, 로스팅, 추출에 이르기까지 모든 단계에 관심을 갖고 세심한 노력을 기울인다. 산지의 정보를 소비자에게 전달하고 고급 재료를 쓰는 이 새로운 방식은 대형 커피 프랜차이즈에 맞설 수 있는 힘이 되었다. 또한 그들은 그저 맛있는 커피를 만드는 것에 그치지 않고, 커피산지에 대해 경외심을 느끼며 생산자들의 삶의 질이 향상되기를 바란다. 이를 통해 산지에서는 좋은 품질의 커피를 계속해서 생산할 수 있게 되고, 결과적으로는 소비자들에게 보다 나은 커피를 제공함으로써 시장이 커지는 선순환 구조를 만들게 되는 것이다. 써드 웨이브를 살아가는 사람들은 커피를 단순히 식재료가 아니라, 와인처럼 고도의 기술이 집약된 미식의 한 분야로 여긴다. 그리고 바리스타는 커피가 만들어지는 일련의 과정을 소비자에게 전달할 의무를 지닌 사람이 된다. 하지만 때로는 그 지극한 커피사랑이 업계의 발전을 막을 수도 있다고 생각한다.

넓게 보면 커피도 결국 식품의 일부일 뿐이다. 식품이 음식과 음료

를 통틀어 이르는 말이라면, 커피는 음료의 한 부분이라고 하기도 어려울 정도로 아주 작은 일부분이다. 정확하게는 커피를 음료라기보다 음료의 주재료 중 하나로 보는 게 맞을 것이다. '에스프레소다', '핸드드립이다' 하는 추출방식도 커피라는 식재료를 다루는 데 주로 사용하는 조리법인 셈이다. 레몬을 통째로 튀겨먹지 말라는 법은 없지만 대개 슬라이스하거나 즙을 짜서 쓰는 것처럼 말이다.

하지만 커피에 대한 애정이 깊고, 이상이 높은 사람일수록 이 사실을 받아들이고 싶지 않아 한다. 커피를 재료로, 추출을 조리로 인정하는 순간 그동안 생각했던 '커피'의 틀이 깨지기 때문이다. 커피와 물만으로 이루어진 검은색 반투명 액체 형태라는 순수한 '커피'의 틀.

실제로 '커피하는 사람'임을 자처하는 이들이 운영하는 몇몇 카페들 중에는 시럽과 소스 등의 부재료가 첨가된 메뉴를 아예 판매하지 않는 곳들도 있다. 품질이 뛰어난 커피는 이미 그 자체로 나무랄 곳이 없기 때문에 다른 부재료를 넣으면 균형이 어긋난다는 것이다. 이런 입장에서는 된장녀를 상징하는 프라푸치노도 훌륭한 커피음료로 받아들이기 힘들다. 하지만 과연 스타벅스가 없고, 세컨드 웨이브가 없었다면 지금처럼 커피가 많은 대중에게 알려질 수 있었을까? 그리고 이렇게까지 큰 규모의 소비시장이 형성되지 않았다면, 과연 커피의 품질이나 산지의 이야기에 관심을 갖는 소비자들이 있을 수 있었을까?

이 같은 괴리를 겪은 식재료는 비단 커피뿐만이 아닐 것이다.

오랜 역사를 거슬러 올라가 향신료를 예로 들어보자. 이집트에서 발견된 기원전 2200년경의 기록에 의하면 향신료는 원래 식품이 아닌 종교 의식에 쓰이는 도구였다. 연기를 낼 때나 향에 불을 지필 때, 혹은 왕족의 미라를 만들거나 시신과 함께 매장하기 위한 용도로 사용했으며, 기원전 4세기에는 의약품으로 활용했다는 이야기도 남아있다. 그런 향신료가 식품으로 각광받게 된 것은 로마시대에 이르러서다. 초기에는 귀족들이 향신료에 너무 집착하여 과도하게 많은 양을 음식에 넣거나 향신료만 줄로 꿰어 구워 먹기도 했다. 당시 사람들이 향신료에 어떤 사상을 품고 있었는지는 정확히 알 수 없지만, 단순한 식재료 이상의 가치를 지니고 있었다는 것만큼은 미루어 짐작할 수 있다.

이제 향신료는 가공방식이나 섭취 방법에 전혀 제한이 없는 식재료의 일종으로 자리 잡았다. 향신료에는 맥코믹 후추Mc cormick pepper와 같은 보급형 제품들도 있지만, 식재료로 음식에 결합되어 그 품질과 향미를 내세우기도 한다. 그러나 그런 모습을 보고 '감히 향신료를 이런 식으로 취급하다니'라며 분개할 사람은 아마 없을 것이다. 나는 이와 같이 커피도 시기와 방법만 다를 뿐 향신료와 유사한 길을 걷게 될 거라고 본다.

머지않아 커피에 포스 웨이브4th wave가 나타난다면, 그건 커피의 모든 경계가 허물어지는 것이 아닐까 싶다. 어쩌면 커피는 지금 우리가 생각하는 틀에서 완전히 벗어나 무수히 많은 식품이나 향료 등의 모습으로 변할지도 모른다. 세컨드 웨이브에서처럼 일개 부속품으로 인식되며 미미한 존재감을 드러내는 것이 아니라, 다양한 시장을 흡수하면서 커피의 범주를 넓히게 될 거라고 믿는다.

써드 웨이브의 모델 중 하나인 초콜릿은 그 영역이 분리된 지 이미 오래다. 초콜릿은 가공식품의 재료로서의 기능에서 나아가 여러 식품의 주재료와 부재료, 향료, 심지어는 보조식품으로까지 폭넓은 개념을 정립해가는 중이다. 초콜릿 특유의 식감과 향기는 어떤 식품에 접목해도 강한 존재감을 보이며 보다 넓은 시장에 초콜릿의 가치를 전하고 있다.

등급이 높은 초콜릿은 그만큼 훌륭한 맛을 내며, 까다로운 공정과정에서 들인 노력과 기술력을 높이 평가받는다. 한 조각에 몇 천 원씩 하는 초콜릿이 얼마나 많은 사람들에게 사랑받고 있는가? 소비자들은 초콜릿 한 조각에 담긴 쇼콜라띠에의 기술력과 원료의 진가를 알고 있다. 물론 개인의 경제력에 따라 구매의사가 달라지지만, 그 가치 자체에 의문을 제기하지는 않는다. 잊을만하면 터져 나오는 커피 원가 논란과 크게 상반되는 모습이다. 이토록 넓은 프리미엄 초콜릿시장이 존재할 수 있었던 까닭은 무엇일까? 쇼콜라띠에들이 어떻게 생각할지는 모르겠지만, 개인적으로는 초콜릿시장의 규모와 다양한 제품군 때문인 것 같다. 초콜릿 바[bar]의 발명과 산업화가 없었더라면, 카카오 분말을 물에 섞어 차처럼 마시던 과거에 머물렀다면, 오늘날의 프리미엄 초콜 릿시장이 조성될 수 있었을까?

향신료, 초콜릿, 와인 등의 식품 분야를 포함해 모든 산업에는 그 규 모와 비례하는 크기의 스페셜티 시장이 존재한다. 하다못해 각종 생활용 품부터 가전제품까지, 그야말로 인간이 돈으로 살 수 있는 것들은 전부 그렇다. 다만 커피시장의 '스페셜티'와 같은 고급상품이 '프리미엄'이나 '럭셔리' 등의 다양한 이름으로 불리고 있을 뿐이다. 일반적으로 커머셜 시장은 제품의 시장성과 효율성을, 스페셜티 시장은 제품에 내재된 가치 를 추구한다. 그리고 그 '가치'는 단순히 제품의 좋은 품질뿐만 아니라 해 당 시장이 지닌 사상과 정신을 담기도 한다.

소비자들이 값비싼 제품에 기꺼이 높은 가격을 지불하는 것은, 자 신이 시장의 극히 일부에 불과한 상위문화를 향유한다는 만족감 때문 이다. 그런 사람들이 늘어나면 늘어날수록 기존의 일반 시장과 스페셜 티 시장이 통합되어 새로운 일반 시장이 생겨난다. 그러면 다시 기존의 것과는 또 다른 가치를 추구하는 신新 스페셜티 시장과, 전체의 10% 미 만에 속하는 소수의 문화가 만들어진다. 그러므로 스페셜티 시장을 성 장시킨다는 말은 곧 시장의 규모를 키운다는 이야기가 된다. 간혹 시 장 전체가 스페셜티로 변화하길 바라는 사람들이 있지만, 그건 지구상 에 영세한 커피농가와 흉작이 없어지지 않는 한 결코 이루어질 수 없다. 같은 커피나무에도 벌레 먹고 썩은 커피체리는 얼마든지 있기 때문에 우수 품종에 등급이 높은, 맛있는 커피만 소비하는 시장은 이상적으로도 구현할 수 없는 환상이다. 오히려 그런 비현실적인 생각이야말로 산지와 소비국의 소통을 지향하는 써드 웨이브의 이념에 어긋나는 것이 아닌가?

그렇다면 우리는 어떤 스페셜티 시장을 목표로 해야 할까? 아마도 그것은 스페셜티 커피에 대한 인식이 확장되고 수요가 늘어남으로써 다양한 선택지가 존재하는 시장을 만드는 것이 아닐까 싶다. 가급적 많은 소비자들이 커머셜 시장에서 스페셜티 시장으로 진입하려면, 우선 소비자들을 이탈시키지 않을 만한 폭넓은 매력의 커머셜 시장이 갖춰져야 한다. 커머셜에 가까운 스페셜과, 스페셜에 가까운 커머셜이 공존하는 넓고 다양한 시장 말이다. 그렇게 스페셜티 커피를 마주할 수 있는 여러 개의 선택지가 주어지면 시장은 자연스럽게 상위 가치를 향해 움직인다. 그리고 그 선택지를 만드는 것은 '커피를 하는' 개발자들의 역할이며, 스페셜티 커피에 대한 고집과 신념을 버리지 못한 우리 커피쟁이들이기에 가능한 일일 것이다. 때문에 '커피하는 사람'은 스페셜티 시장은 물론 커머셜 시장에 대한 숙제도 안고 가야 한다. 어쩌면 그것이 개발자가 되기를 포기했거나, 개발자가 되지 못한 사람들에게 필요한 소양이었을지도 모른다.

스페셜티 커피,
스페셜한 커피?

스페셜티 커피의 정의

스페셜티 커피는 여러 기관마다 다른 기준을 가지고 정의하지만, 기본적으로는 품질이 높은 생두의 등급을 일컫는 용어다. 생두의 등급은 대부분 커핑을 통해서 구분하기 때문에, 스페셜티 커피는 '커핑 점수가 80점 이상인 커피'라는 뜻이기도 하다.

가장 잘 알려진 스페셜티 커피 등급 기준은 미국스페셜티커피협회Specialty Coffee Association of America, SCAA가 가지고 있는데, 이곳에서는 생두와 원두의 샘플을 육안으로 평가하는 것부터 맛을 보는 관능적인 평가까지 다양한 조건을 만족하는 커피를 스페셜티 커피라고 부른다.

❶ 생두 품질기준 (샘플 350그램 기준)

수분율 내추럴 프로세싱 10~13%, 워시드 프로세싱 10~12%

크기 스크린사이즈 편차 5% 미만

결점 1차적 결점Category 1은 1점도 포함되지 않아야 하며, 2차적Category 2 결점은 5점까지 허용함

냄새 이취가 나지 않아야 함

TABLE OF DEFECT EQUIVALENTS

Category 1	Full Defect equivalents	Category 2	Full Defect equivalents
Full Black	1	Partial Black	3
Full Sour	1	Partial Sour	3
Dried Cherry/Pod	1	Parchment/Pergamino	5
Fungus Damaged	1	Floater	5
Foreign Matter	1	Immature/Unripe	5
Severe Insect Damage	5	Withered	5
		Shell	5
		Broken/Chipped/Cut	5
		Hull/Husk	5
		Slight Insect Damage	10

오늘날 커피업계에는 '스페셜티 커피'라는 말이 넘쳐나고 있다.

2천 원 남짓한 편의점 커피우유부터 한 잔에 몇 만 원씩 하는 핸드드립 커피까지, 하나같이 '스페셜티 커피'라는 이름으로 불리고 있다. 이제는 언론매체들도 커피를 수식하는 용어로 쓰고 있는 '스페셜티 커피'의 정확한 의미는 무엇일까?

❷ 원두품질 기준 (샘플 100그램 기준)
퀘이커quaker는 1개도 허용되지 않음

❸ 관능평가 기준
커핑을 통해 커피의 프래그런스/아로마, 플레이버, 액시디티, 바디, 애프터테이스트 등의 특징이 발견되어야 함.
향미 결점taints faults이 없어야 하고,
커핑 점수가 80점 이상이어야 함.

스페셜티 커피와 마케팅

최근 스페셜티 커피는 '스페셜special'이라는 단어의 뜻 그대로 '특별한' 커피 혹은 품질이 좋은 커피를 일컫는 용어로 쓰이고 있다. 고급 커피를 취급하는 시장도 '스페셜티 커피시장'이라는 이름으로 불리고 있는데, 위에서 언급한 '스페셜티 커피를 취급하는 시장'이라는 뜻이 아니라, 단순히 고급 커피시장을 대체하는 말로 쓰이는 경우도 있다.

일부 생두 판매자들은 이러한 마케팅 방식을 비난하며 우려를 표하기도 한다. 하지만 이러한 현상에 개방적인 사람들은 아무리 고품질의 생두라도 제대로 가공되지 않으면 훌륭한 커피가 되지 못하기 때문에, 유통과 가공 단계까지 모두 고려해서 음료의 최종적인 품질을 기준으로 '특별함'을 지닌 커피라고 말하는 것이 맞다는 입장이다.

05

교육에서의 커핑과
실무에서의 커핑

———

나는 커피학원에 간 첫날, 난생 처음 커핑이라는 것을 했다.

대부분의 커피학원이 그랬듯이, 첫날의 교육 내용은 커피 식물학과 수망 로스팅이었다. 혹시라도 수망 로스팅이 뭔지 모르는 분들이 있으려나. 수망 로스팅은 말 그대로 수망, 즉 손잡이가 달린 체에 생두를 넣고 불 위에서 열심히 흔들며 커피를 볶는 것이다. 그때만 해도 요즘처럼 속이 훤히 들여다보이는 홈로스터가 보편화되지 않았기 때문에 커피가 로스팅되는 과정을 몸소 체험하기엔 수망 로스팅만한 게 없었다.

수망 로스팅을 만만하게 생각해서 잘못 흔들었다가는 원두가 아래

쪽은 불이 붙고 위쪽은 덜 익어서 생두인 채로 남는다. 로스팅 내내 풀풀 날리는 연기와 체프chaff* 때문에 연신 콜록거리며 겨우겨우 커피를 다 볶고 나면, 모든 배전도의 커피가 한데 섞인 신비로운 단종 블랜드가 탄생한다. 나는 이렇게 볶은 커피로 커핑이라는 걸 배웠다.

사실 워낙 오랜 전 일이라 그때 내가 느낀 신기함과 놀라움이 딱히 기억에 남아있진 않다. 정확히는 기억에 남을만한 게 없었다. 다른 사람들처럼 나도 참기름 냄새와 '커피 냄새'밖에는 느끼지 못했기 때문이다.

잘 느껴지지 않는 것을 느끼려고 노력하며 커피가 지닌 향과 맛을 찾아내는 것. 대부분의 커핑 교육은 여기에서 출발한다. 사람들은 커피에서 꽃향기flowery와 과일향fruity을 찾고, 또 그와 상반되는 견과류 향nutty과 초콜릿 향chocolaty을 찾는다. 아로마 키트aroma kit로 커피의 향을 말하며, 커핑시트에 적혀있는 액시디티acidity나 클린컵clean cup 같은 생소한 용어로 커피의 맛을 말한다.

보통 사람들에게 '이 커피에서 무슨 맛이 나느냐'고 물으면 대다수는 그냥 '커피 맛이 난다'고 답하기 때문에 커핑 교육을 진행하기 위해서는 먼저 그들이 커피의 향미 차이를 느낄 수 있도록 해야 한다. 그래서 많은 교육기관의 커핑 수업이 향미 차이가 큰 대륙별, 국가별 커피

---

* 체프chaff 생두 표면에 붙어있는 실버스킨silver skin이 커피를 로스팅할 때 열을 받아서 떨어져 나온 것.

를 비교 커핑하는 것에서 시작된다.

향미의 극적인 대비를 체험하는 데는 브라질 커피와 아프리카 커피의 비교 커핑만한 것이 없다. 이를 통해 학생들은 커피가 이토록 다양하다는 사실에 새삼 놀라고, 여기에 강사의 청산유수 같은 향미 표현이 곁들여지면 분위기는 한층 더 고조된다. 강단에 서서 커피 향미를 마치 눈에 보이는 것처럼 술술 풀어내는 강사의 모습은 흡사 대장금과 같은 초인적인 감각의 소유자로 비춰지기도 한다.

단순히 커피를 즐겨 마시는 경우라면 그것만으로도 큰 즐거움이 된다. 보물찾기를 하듯 커피 구석구석에 숨어있는 향미를 찾아내는 것이 얼마나 재미있는지 해보지 않은 사람은 모른다. 다만 커핑을 직업적으로 해야 하는 커피 품질 평가에서는 이보다 더 중요한 목적이 생긴다.

일반적으로 커피 향미는 프래그런스^{fragrance}와 아로마^{aroma}, 플레이버^{flavor}, 에프터테이스트^{aftertaste}, 액시디티, 바디^{body}를 중심으로 평가한다. 평가기관과 주어진 여건에 따라 조금씩 바뀌긴 하지만 대다수의 향미 평가가 이러한 형식 안에서 이루어진다. 이것이 커핑이라는 개념을 처음으로 정립한 미국스페셜티커피협회^{Specialty Coffee Association of America, SCAA}의 표준 양식인데다, 그런 특성을 가진 커피들이 생두시장에서 대체로 높은 가격에 거래되기 때문이다. 그래서 대부분의 커핑과 커피 향미 평가 교육은 위의 기준에 따라 커피의 특징을 느끼고 이를 수치화하는 방법을 우선적으로 가르친다. 커핑 교육에 빠지지 않고 등장하는 'SCAA 커핑시트를 이용한 커핑 실습'이 그중 하나다.

이러한 유형의 교육은 단순히 커피의 점수나 등급을 구분하는 것 이상의 의미를 지닌다. 사람들은 대개 '맛'이라는 것을 쪼개서 설명하지 않는다. '맛이 있다, 없다'로 말하는 게 보통이고, 간혹 예민한 사람들은 '시다', '떫다', '자극적이다'와 같이 인상적인 맛이나 감상을 말한다. 하지만 커핑을 할 때는 이를 신맛, 단맛, 쓴맛, 질감, 혹은 입안에서 느껴지는 맛이나 후미 등으로 세분화한다. 조금 더 들어가면 그냥 '산미가 좋다'가 아니라, '산도는 강하지만 산미의 품질은 낮다'라던가 '산도는 약하지만 품질이 높고 사과를 연상시키는 산미'라고 다시 세분화할 수 있다. 이 과정을 거치면 우리는 한낱 감상이 아닌, 보다 구체적이고 분명하며 객관적인 기준으로 커피의 품질을 논할 수 있다. '왠지 맘에 들었던' 커피는 '산미보다 바디가 뛰어난 커피'가 되고, '왠지 정이 가지 않았던' 커피는 '플레이버는 우수하지만 바디가 떨어지는 커피'가 된다.

각각의 평가 기준을 '좋다', '나쁘다'가 아닌, 점수로 매겨 정하는 것도 여러 모로 의미 있는 연습이다. 정량적 평가와 기록을 통해 예민한 감각을 기를 수 있으며 많은 종류의 커피를 서열화해서 기억할 수 있다. 또한 평가 결과를 오랫동안 보관하거나 자료로 활용하기에도 유리하다. 'A 커피가 B 커피보다 좋다'라는 평가보다 'A 커피의 총점은 85점이고, B 커피의 총점은 75점이다'라는 식의 평가가 자료로서 가치가 더 높기 때문이다. '액시디티 점수는 A 커피가 8점, B 커피가 7.5점으로 A 커피가 더 높고, 바디 점수는 A 커피가 7점, B 커피가 7.75점으로 B 커피가 더 높다' 같은 구체적인 비교 분석도 가능해진다.

실제로 커피업계에서는 채점을 하고 순위를 매기는 능력이 요구될 때가 종종 있다. 산지에서의 커피 등급 평가나 CoE^Cup of Excellence(컵 오브 엑셀런스) 심사가 그 대표적인 예다.

하지만 현실적으로 품질 평가의 주된 목적은 커피가 유통, 가공되는 과정을 점검하는 것이다. 전혀 알지 못하는 미지의 커피를 접하는 일보다, 커피의 정보가 공개된 상태에서 그것이 개인이나 회사가 미리 정해 놓은 기준에 얼마나 부합하는지를 확인하는 일이 압도적으로 많기 때문이다. 로스터리와 카페는 물론이고 생두를 판매하는 유통회사도 마찬가지다.

아무리 동일한 점수와 등급을 받은 커피라고 해도 그중에는 분명 더 잘 팔리는 상품과 그렇지 못한 상품이 있고, 가격 또한 천차만별이다. 때문에 수입업자는 회사의 상품 라인에 맞고 표적시장에서 선호되는 생두를 선별할 수 있어야 하며, 수출업자는 커피의 향미 특성에 따라 이윤을 극대화하는 가격을 설정할 수 있어야 한다. 다시 말해, 사업장마다 '좋은 품질의 커피'가 되기 위한 필요조건이 다르다는 것이다. 경우에 따라 그 평가 척도가 커핑시트와 다소 달라지기도 하고, 완전히 반대로 적용되기도 한다.

한 가지 예를 들어보자. 앞서 언급한 커피의 평가 척도 중 액시디티는 산미를 뜻하며, 이는 생두 평가에서 언제나 중요한 요소로 꼽힌다. 하지만 만약 당신이 일하고 있는 회사가 '커피의 산미'를 전혀 중요시하지 않고, 오히려 일반적인 생두 평가에서 부정적인 요소로 여겨지는 '쓴맛'이 강한 커피를 판매하려 한다고 가정해보자. 이럴 때는 산미를 중시하고 쓴맛을 지양하는 시중의 커핑시트가 무용지물일 뿐이다. 그럼에도 굳이 이 시트를 이용해 주기적으로 품질 평가를 한다면 그건 보란 듯이 인력과 시간을 낭비하는 셈이다. 요컨대 품질 평가를 하기 전에는 구체적으로 점검하고 싶은 것이 무엇이고, 어떻게 그것을 평가할 것인지부터 고민해야 한다. 고도로 훈련된 예리한 감각보다 그 감각을 활용하는 것이 수백 배 더 중요하기 때문이다.

이는 곧, 감각 그 자체는 물론 자신이 맡은 업무에 대한 이해도 중요하다는 이야기가 된다. 예를 들어 원두의 로스팅을 점검하는 사람이라면 '쓴맛은 10점, 향기는 탄내'가 아니라 '열량 조절이 필요함'이라고 말할 수 있어야 한다. 여기에 초인적인 후각이나 미각 능력은 필요치 않다. 일정 수준 이상의 감정 능력과 업무에 대한 이해만 있으면 된다.

당연히 감각 훈련도 필요하다. 어쨌거나 향미 평가인데, '향미를 평가할 줄 알아야 하지 않겠는가. 플레이버에서 긍정적인 초콜릿 향미와 부정적인 탄내[smoky]를 구분지어 표현하는 것처럼 말이다. 어떤 커피의

품질이 좋지 않다고 주장할 때, '그냥 제 입맛에 안 맞아서요'라고 이유를 댈 수는 없다. 최소한 커피업계에서 통용되는 평가 기준과 용어를 올바르게 이해하고 그것을 적재적소에 적용할 수 있어야 한다. 특히 산지에서는 커피의 결점을, 유통회사에서는 커피의 향미 특성을 제대로 인지하고 표현할 수 있어야 한다.

일반적으로 표현력을 향상시키는 훈련에는 주로 아로마 키트와 플레이버 휠Flavor wheel을 활용하는데, 나는 유독 플레이버 휠에 애정이 깊은 편이다.

플레이버 휠은 커피의 향미표현 용어를 단순 나열한 것이 아니라, 커피의 향과 맛이 구성되고 변화되는 과정을 무척 간결하게 정리한 도표다. 아로마 키트는 프랑스에서 제작된 것으로 커피에서 대표적으로 나타나는 36가지 향을 샘플병에 담아 한 세트로 만든 것이다. 원래 이름은 '르 네 뒤 카페Le Nez du Cafe'이며, 커핑 교육에서는 커피업계가 공통적으로 사용하는 향미표현 용어를 가르치기 위한 도구로 활용된다.

사실 맛을 표현하는 방식은 사람마다 달라서 가끔 그 의미를 파악하기 어려울 때가 있다. 지금껏 내가 들어 본 표현들 가운데 가장 기상천외했던 것은 '내 남자친구의 겨드랑이 땀냄새'였다. 본인이야 커피를 마시고 그 장면이 바로 떠오를 만큼 느낌이 생생하겠지만, 그의 얼굴도 모르는 다른 사람 입장에서는 겨드랑이에서 어떤 땀냄새가 나는지 도

무지 알 도리가 없다. 그래서 '이런 경우에는 이런 단어를 쓴다'는 식의 약속이 필요한 것이다. 더욱이 CoE처럼 세계 각지의 사람들이 모이는 자리에서는 그 약속의 중요성이 더 커진다. 지극히 상식적이고 당연하다고 생각했던 표현이 누군가에게는 비상식적이고 마땅치 않은 경우가 있기 때문이다.

커핑에서는 향미표현 용어로 유난히 과일이나 견과류를 많이 사용한다. 한번은 어느 외국인과 함께 커핑을 하는데, 커피에서 선명한 사과 향미가 나기에 '사과 맛apple이 난다'고 했더니 상대방이 도저히 공감할 수 없다는 반응을 보인 적이 있었다. 나중에 함께 과일을 먹으면서 알게 된 사실인데, 그와 내가 '사과'라는 단어를 듣고 떠올린 것은 서로 다른 품종이었다. 한국인들이 '사과' 하면 떠올리는 품종은 부사다. 그런데 부사는 서양에서 찾아보기 힘들고, 그들에게는 작지만 단단하고 신맛이 강한 홍옥이나, 풋내와 떫은맛이 나는 청사과가 일반적이라고 한다. 당시 내가 '사과'라고 표현한 것은 약간의 풀냄새와 신선함, 산뜻한 신맛과 은은한 단맛이 어우러진 과일 향미가 나서였다. 나와 문화적 배경이 달랐던 그 외국인 커퍼는 이를 '파인애플pineapple'이라고 표현했다.

배pear도 한국에서 나고 자란 것은 청량감과 은근한 단맛을 지녔지만, 일부 서양에서는 '배' 하면 조롱박처럼 생긴 작고 단단한 과일을 연상한다. 이렇듯 다양한 문화적 차이로 인해 이런 자리에서는 평범한 일상용어조차 서로 간에 약속된 언어로 표현한다. 말하자면 외국어를 배우듯 커핑을 하기 위해 '커핑어'를 배우는 것이다.

그러나 때로는 이 과정이 실무에 방해가 되기도 한다. 실무에서의 품질 평가는 커피의 등급 자체를 따지기보다 구성원들의 원활한 의사소통을 위해 이루어지는 측면이 더 강하다. 커핑을 통해 어떤 커피가 좋은 커피인지 혼자서 판단하는 경우도 있겠지만, 커핑의 목적은 제품을 평가하고 개선 방향을 공유해 언제나 동일한 품질을 유지하기 위한 것일 때가 더 많다. 로스터리라면 매번 로스팅된 원두를 맛보면서 정해진 기준에 맞게 로스팅이 문제없이 잘됐는지 등을 확인한다. 그리고 문제점이 발견되면 수정사항을 전달해 바로잡고, 특히 로스팅이 잘된 게 있다면 그 요인이 무엇인지 분석해 프로파일에 적용하기도 한다. 제품의 생산과 평가를 한 사람이 아닌 두 사람만 함께 해도 둘 사이의 의사소통은 꼭 필요해진다. 이 경우도 커피업계 종사자들 간의 일이면 딱히 문제가 없다. 혹여나 서로 오해하고 있는 부분이 있다면 지속적인 대화와 교육을 통해 해결하면 되기 때문이다. 하지만 의사소통의 대상이 일반 소비자들일 때는 상황이 달라진다.

로스터리에서 원두 패키지에 적을 향미표현 용어를 수집하기 위해 커핑을 진행한다고 치자. 와인winey, 라즈베리raspberry, 미디엄 액시디티

medium acidity, 스무스smooth 같은 말을 순순히 받아들일 수 있는 소비자가 과연 몇이나 되겠는가? 동일한 단어를 다른 뜻으로 해석하는 소비자들도 상당수 있을 것이다.

소비자들이 커피의 향미를 표현하는 방식은 대단히 직관적이다. 주로 연상되는 이미지나 색채로 향미를 표현하는데, 커핑에서는 색채가 비슷한 향미도 다채롭게 묘사할 수 있다. 어두운 느낌을 주는 용어만 해도 초콜릿, 탄내, 쓴bitter, 묵직한heavy, 진한rich, 떫은astringent 등으로 무수히 다양하다. 하지만 커피를 별 생각 없이 마시는 소비자들에게는 이 모든 향미가 그저 '묵직한 커피' 한 단어로 함축되기도 한다. 이것의 반대 개념은 '가벼운 커피'로, 신acidy, 꽃향기, 과일향, 꿀honey, 부드러운mild, 가벼운light, 밝은bright, 바디가 낮은/가벼운thin, 물 같은watery 등으로 표현된다.

'묵직한 커피'를 찾는 소비자에게 무거운 바디heavy body만큼이나 산미가 강렬한 커피를 제공하면 불만이 되어 돌아오기 십상이다. '가벼운 커피'를 찾는 소비자에게 물 같은 바디에 다크 초콜릿과 견과류 향이 도드라지는 커피를 제공했을 때도 그렇다. 하지만 그들에게 전문용어를 알아야 한다고 강요할 수는 없다. 그래야 할 의무가 전혀 없기 때문이다.

개인적으로 향미에 대한 소비자와 전문가의 인식 차이에 관심이 많다. 프리랜서로 활동했을 때는 플레이버 휠에 나오는 향미표현 용어를 평소에 쉽게 볼 수 있는 식재료나 일상 언어와 연결 지어 교육한 적도 몇 번 있었다. 그 경험을 통해 국내에서 커핑 교육을 할 때는 우선 언어적 차이에서 오는 혼란을 해소해야 한다는 것을 깨달았다. 커핑 결과를 시장에 적용하는 데는 한국 정서에 맞는 향미표현 용어가 필요하다는 사실도 체감했다. 철저하게 소비자 관점에서 받아들일 수 있고, 전문가 입장에서도 납득할 수 있는 그런 용어들 말이다.

자주 쓰이는 향미표현 용어 중 하나인 메이플 시럽maple syrup이나 티로즈tea rose도 이미 식재료로 알고 있는 사람들이 많겠지만, 그 맛이나 향을 아주 익숙하게 떠올릴 정도로 생활과 밀접하게 경험한 사람들은 흔치 않기 때문이다. 전달력이 떨어진다는 것은 맛에 대한 공감도, 거기서 오는 감동과 구매욕구도 떨어진다는 말이 된다.

기본적으로 커핑은 맛있는 커피를 만들기 위한 보조수단이다. 로스팅이나 추출처럼 직접 커피를 만드는 기능적인 역할을 하진 않지만, 커핑은 이러한 기능이 원만하게 작동할 수 있도록 도와준다. 바리스타나 로스터가 맛을 볼 줄 모른다면 자신의 커피에서 어떤 점을 발전시켜야 할지 알 수 없을 것이다. 소비자와의 관계에서는 사람들이 맛있는 커피를 충분히 맛있다고 느낄 수 있게끔 통역본으로서의 역할도 한다. 결국 커핑과 향미 평가 교육이라는 것은, 그 결과를 우리가 '왜' 필요로 하고, 또 '어떻게' 활용할 것인지를 전제로 진행되어야 한다.

아로마 키트
&플레이버 휠

플레이버 휠 Flavor Wheel

미국스페셜티커피협회Specialty Coffee Association of America, SCAA의 커피 테이스터스 플레이버 휠은 커피 향미의 구성방식과 원리에 관한 내용을 담고 있는 두 개의 원형 도표다. 이를 통해 커피의 향미를 비롯하여 로스팅, 신선도, 보관상태 등 커피에 영향을 주는 다양한 요인을 분석할 수 있다. 매우 과학적이고 체계적인 방식이어서 전 세계의 커피산업 종사자들에게 커피의 향미 특성을 설명하기 위한 자료로 널리 쓰이고 있다.

아로마 키트와 플레이버 휠은 커피의 향미 훈련에 빠지지 않고 등장한다.
이 두 가지 도구를 이용한 향미 훈련 방법을 알아보자.
한뼘노트의 QR코드를 통해 월간COFFEE 2012년 4~8월호에 게재된 보다 자세한 내용을 참고할 수
도 있다.

아로마 키트 Aroma Kit

프랑스의 르 네 뒤 뱅Le Nez du Vin 사에서 개발한 아로마 키트는 커피의 36가지 향을 작은 유리병에
담아 만든 것으로 본래 이름은 르 네 뒤 카페Le Nez du Cafe다. 커피가 식물로 살아 숨쉬며 유기반응을
할 때 생기는 향enzymatic부터 로스팅 중 일어나는 갈변반응에 의한 향sugar browning, 로스팅 시 원두의
섬유질이 열분해되면서 나타나는 건열반응에 의한 향dry distillation, 그리고 커피의 가공과정이 잘못되
었을 때 생기는 향 결점aromatic tints까지 각각의 항목에 9개씩 샘플이 들어있다.

플레이버 휠의   플레이버 휠과   플레이버 휠과   커피의   로스팅과 커핑
응용   커피의 향   커피의 맛   부정적 향미

어떻게 사용해야 할까?

플레이버 휠은 두 개의 원형 도표로 되어있다. 둘 중 왼쪽 도표는 커피 향미가 내외부적 요인에 의해 어떻게 바뀌는지를 설명한 변화 도표로 주로 부정적 향미 표현을 담고 있으며, 오른쪽 도표는 커피 향미가 어떤 방식으로 구성되는지를 보여주는 구조 도표다.

맛은 혀가 맛을 느낄 때 일어나는 상호작용에 따라, 향은 생성되는 원인에 따라 몇 개의 카테고리로 구분된다. 도표에서는 각 카테고리를 쉽게 이해할 수 있도록 다양한 사물이나 식재료를 예시로 들어 놓았다. 하지만 이러한 사례들은 보통 한국인들에게 생소한 경우가 많기 때문에 이름 자체를 외우기 보다 도표의 구조를 이해하는 것이 더 중요하다.

아로마 키트를 사용할 때는 향을 코에 너무 가깝게 대고 맡으면 안 된다. 턱과 입술 사이 정도로 코에서 거리를 둔 채 가볍게 샘플을 흔들며 향을 맡아야 한다. 이때도 가급적이면 향 자체를 외우기보다 향을 맡은 후 연상되는 익숙한 사물이나 식재료를 간단하게 기록하여 향의 이름과 연결 지어 기억하는 것이 효과적이다.

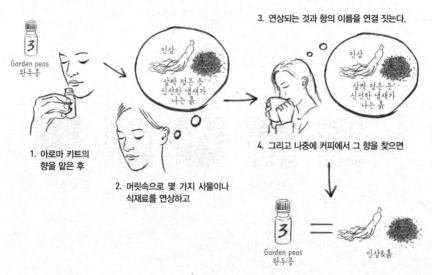

3. 연상되는 것과 향의 이름을 연결 짓는다.

Garden peas
완두콩

1. 아로마 키트의
   향을 맡은 후

2. 머릿속으로 몇 가지 사물이나
   식재료를 연상하고

4. 그리고 나중에 커피에서 그 향을 찾으면

Garden peas
완두콩

인삼&흙

5. 실제 향의 이름과 연결 지어 향미표현 용
   어로 사용한다.

팔레트 메모리 Palate Memory

어째서 향과 용어를 외워도 정작 커피를 평가할 때는 연상되지 않는 걸까? 바로 그 향이 우리의 팔레트 메모리에 없기 때문이다. 꼭 어떤 음식을 먹고 있는 상황이 아니어도 그것을 연상시킬 만한 외부의 자극이 주어졌을 때 그 음식의 맛이나 향을 떠올리는 것을 팔레트 메모리라고 한다. 이 기억력은 한 사람이 살아온 문화적 환경이나 개인의 삶의 방식에 따라 차이를 보인다. 커핑의 대부분은 이 팔레트 메모리를 활용하는 작업이다. 실제 과일과 꽃이 들어있을 리 없는 커피를 마시고 특정한 향미가 생각나는 게 그런 것이다. 그리고 이때 연상되는 향미 표현들은 대체로 자신이 생활 속에서 익숙하게 경험해온 것들이다. 어떤 향을 일시적으로 학습한다고.해도 그것이 낯선 것이면 쉽게 연상되지 않는다. 때문에 커피 향미를 익힐 때는 자신의 팔레트 메모리에 있는 향미 표현들을 전문용어나 아로마 키트의 향 이름과 연관지어 기억하는 훈련을 한다.

실험해보자

'사진 1'과 '사진 2'를 3초 이상 바라보면서 그 맛을 상상해보자. '사진 1'을 본 대부분의 한국인들은 이를 보는 것만으로도 입에 침이 고이며 신맛을 연상한다. 그러나 '사진 2'를 보고는 그 맛을 상상하기가 어렵다. 그러나 이 스타푸르트star fruit라는 과일을 자주 먹고 자란 열대지방 사람들이 '사진 2'를 보면 아마 그 맛을 금방 떠올릴 것이다.

사진 1   사진 2

06

품질과
마케팅

대부분의 업계가 그렇겠지만, 최근 커피업계는 유독 품질과 마케팅이 가깝게 맞닿아 있는 상태다. 커피의 품질에 관련된 일들이 대개 시장, 즉 마켓market의 요구에 따라 결정된다는 얘기다. 로스팅을 할 때 주요 영업지역이나 주변 상권의 니즈needs를 고려하고, 메뉴 개발을 할 때 그 시기의 트렌드를 반영하는 것을 예로 들 수 있다. 생두를 구매할 때도 우선 해당 생두가 유통될 시장의 수요 형태를 살펴야 하며, 음료의 레시피를 정할 때도 소비자들의 선호도와 허용 가능한 단가 사이의 절충점을 찾아야 한다.

품질과 마케팅이 가깝게 맞닿아 있다는 건, 커피 제조에 직접 관여하는 직군이 아니어도 커피의 품질을 알아야 한다는 뜻이다. 원두커피를 판매하는 영업사원이라면 전문가인 카페 오너들에게 해당 커피의 특성을 설득력 있게 설명하고, 나아가 다른 커피와의 차이점에 대해 대화를 나눌 수 있어야 한다. 마찬가지로 요즘은 제품의 기획과 홍보를 맡고 있는 마케팅 담당자도 커피의 어떤 부분이 사람들의 주목을 받고 있는지 세세하게 파악하고, 이를 마케팅에 활용하는 추세다.

이러한 변화의 바람은 90년대와 최근의 커피광고를 비교해보면 금방 알 수 있다.

지금까지도 한국 커피시장의 상당부분을 차지하고 있는 모 커피제품은 '커피의 향기는 영원하다'라는 광고카피로 유명하다. 하지만 실제 CF를 보면, 커피의 향기가 얼마나 좋은지 이야기하기보다 커피를 마시는 배우의 이미지를 전달하는 데 집중하고 있다. 커피 잔을 든 채 눈발이 흐드러지게 내리는 창 밖을 바라보고 있는 배우의 얼굴을 클로즈업하거나, 아름다운 연인이 커피를 들고 사랑을 속삭이는 모습을 중점적으로 보여준다. 커피 자체의 품질 대신에 커피 한 잔을 통해 얻을 수 있는 시간과 그때의 분위기를 부각시키는 것이다.

하지만 최근의 커피광고는 커피의 품질을 적나라하게 언급하는 경우가 많다. 예전이라면 비전문가들은 관심도 없었을 커피의 로스팅 방식을 일일이 설명하는가 하면, 커퍼들이 사용하는 평가시트를 보여주거나 플레이버^{flavor}, 액시디티^{acidity} 같은 전문용어를 나열하기도 한다. 단 15초짜리 광고라지만 커피의 품질 기준과 평가 척도에 대한 이해 없이는 불가능한 일이다.

이러한 현상은 유독 스페셜티 커피시장에서 강화된 측면이 있다.

써드 웨이브^{3rd wave}(제3의 물결)로 불리는 현재의 스페셜티 커피산업은 생두의 높은 품질과 다이렉트 트레이드, 싱글 오리진^{single origin}* 등으로 대변된다. 또한 이는 그저 맛있는 커피를 만드는 것에 그치지 않고, 커피산지와 소비국을 연결함으로써 궁극적으로는 공정하고 투명한 거래와 산지의 생활수준 개선을 목표로 한다. 특별한 가공법과 품종 같은 산지의 이야기를 소비자들에게 전달한 후 그 가치를 깨달은 이들이 기꺼이 비용을 지불하도록 하는 것이다. 써드 웨이브는 커피의 생산과정을 소비자와 공유하는 것이 가장 큰 특징인 만큼, 커피의 재배환경과 품질에 관한 상세정보가 중요한 마케팅 요소가 된다. 실제로 최근 싱글 오리진을 판매하는 커피업체들 사이에서는 단순히 '에티오피아' 또는 '브라질'처럼 생산국의 이름만 기록하지 않고, 생산자의 이름이나 농장명을 덧붙여 쓰는 것이 일반화되었다.

게다가 그동안은 블랜드가 각 업체를 대표하는 상품으로 애용되어

---

* 싱글 오리진^{single origin} 블랜딩을 하지 않은 단일 지역의 커피.

왔던 것과 달리, 싱글 오리진의 비중이 점차 늘어나면서 제품군이 다양해졌다. 본래 블랜드라는 것은 특정한 향미나 분위기를 내기 위해 다양한 커피를 섞은 것이라서 마케팅을 할 때는 업체가 원하는 이미지나 대표적인 향미 특성만 언급하면 된다. 이에 반해 싱글 오리진은 생산 지역과 기후, 작황 등 여러 요인에 따라 커피의 품질이 달라지므로 각각의 제품에 맞는 차별화된 홍보전략을 구상해야 한다. 그래서 단순히 '향이 좋다, 맛이 좋다'가 아니라, '어떤 향과 어떤 맛이 난다'고 각각의 커피가 지닌 매력을 자세히 이야기할 수밖에 없다.

이제는 블랜드를 소개할 때도 재료가 되는 단종 커피에 대한 설명을 빼놓지 않는다. 불과 얼마 전까지도 블랜딩 비율은 며느리도 모르는 신당동 떡볶이 맛의 비결만큼이나 비밀시 됐지만 요즘에는 제품이 추구하는 컨셉과 모든 세부정보를 공개하는 편이다. 블랜드의 구성 요소와 비율, 로스팅 방식 등 그간 대외비로 취급했던 것도 더 이상은 비밀이 아니다. 오히려 이런 내용을 공개하는 것이 이점이 더 많은 시장이 되었다.

하지만 이것은 사실 커피업계 종사자들에게 다소 골치 아픈 주제이기도 하다. 해당 직무에 필요한 기술만 가지고 일했던 과거에 비해, 제품에 대해 지나칠 정도로 높은 이해도를 요구하기 때문이다. 소규모 로스터리 같은 1인 사업장이야 원래 한 사람이 온갖 업무를 처리하는 만능 엔터테이너의 역할을 소화해야 하지만, 회사 규모와 일의 영역이 조금만 확대돼도 구매나 마케팅 같은 제조 이외의 직군은 제일 먼저 분리된다.

특히 구매의 경우, 과거에는 서류를 기준으로 'AA*'나 'SHG^{Strictly High Grown}*'처럼 생두 등급을 나누고 시장가격만 따지면 됐지만, 스페셜티 커피시장에서는 같은 등급 안에서도 수십 배씩 차이 나는 가격 변동에 대처할 수 있어야 한다. 커피의 향미를 평가하는 '커퍼'라는 직업이 커피의 품질을 확인한 후 구매로 연결시키는 사람을 이르는 말로 쓰이는 것만 봐도 스페셜티 시장만의 독특한 구매방식을 엿볼 수 있다. 구매 담당자와 Q/C^{Quality Control}의 경계가 허물어지고 있는 것이다. 내 지인 중 한 명은 선물시장을 통해 다양한 식재료를 구매하고 있는데, 그 역시도 이 점이 가장 어렵다고 토로했다.

아직까지 국내에서는 새롭고도 불편한 시스템이지만, 우리보다 오랜 커피역사를 지닌 다른 나라들은 이 시기를 나름의 방법으로 지혜롭게 넘겼다. 커피문화가 한국보다 50년 이상 빠르게 발달했다는 가까운 나라 일본도 그랬다. 한국 커피시장에 FOB^{Free On Board}라는 단어가 등장한 것은 지난 몇 년 사이의 일이다. 2008년 즈음 몇몇 생두회사들이 산

※ AA 탄자니아, 케냐 등지에서 사용하는 생두를 크기별로 분류하는 기준 중 최상위에 해당되는 등급.

※ SHG^{Strictly High Grown} 일부 중미 지역에서 사용하는 생두를 생산고도별로 분류하는 기준 중 최상위에 해당되는 등급.

지에서 직접 커피를 구매한다는 것을 홍보하면서부터다. 물론 그전에도 규모가 큰 업체들이 직거래를 하기도 했지만, 개인 카페나 소규모 생두업체가 산지에서 직접 생두를 사오는 일은 흔하지 않았다. 지금이야 산지와 커피를 직거래하는 것을 대수롭지 않게 여기지만, 얼마 전까지만 해도 국내에 유통되는 생두는 대부분이 일본을 통해 들어왔다.

이렇듯 복잡한 품질 문제를 매우 독특한 방법으로 해결한 커피회사 이야기를 해볼까 한다. 그곳은 예전에 잠시 인연이 있었던 일본의 한 생두업체인데, 규모가 큰 일본 커피시장에서도 상위권에 속한 곳이었다. 그 회사의 대표에게 듣기로는 그곳의 모든 직원들이 업무에 투입되기 전, 브라질로 연수를 다녀온다고 했다. 당시 그는 "설령 품질 평가를 주 업무로 하지 않더라도 전 직원이 커피가 만들어지는 과정을 이해하고 커핑도 할 줄 알아야 한다는 생각이었다"며 그들을 산지로 파견하게 된 이유를 설명했다. 덕분에 이곳의 직원들은 일정기간 브라질에 체류하면서 여러 커피농장을 방문하고, 커피의 재배와 가공과정을 몸소 경험할 수 있었다. 실제로 일본에 머무는 동안 나는 그 회사의 직원들을 많이 만났는데, 직무는 다 달랐지만 누가 Q/C인지 모를 정도로 모두가 해박한 커피지식을 가지고 있었다.

물론 이것은 아주 극단적인 방식이다. 스페셜티 커피를 취급하는 모든 회사가 이렇게 산지 연수 프로그램을 운영할 수는 없을 것이다. 전

직무에 걸쳐 커피 품질에 대한 교육이 심도 깊어질수록 각 분야의 경계가 흐려지는 것도 부정할 수 없는 사실이다. 커피업계의 전반적인 교육수준이 향상될수록 해당 업무 담당자들에게 기대하는 전문성도 높아질 수밖에 없다. '전반적인 교육수준'의 범위를 어디까지로 정하고, 어떤 형식으로 분업해야 하는지 고민하는 순간도 분명 올 것이다. 스페셜티 커피가 소규모 시장에서 대기업의 영역으로 넘어가고 있는 지금, 품질과 마케팅에 관한 이슈는 국내에 스페셜티 커피산업을 정착시키는 데 가장 중요한 과제 중 하나가 될 것이라고 생각한다.

07

커피의
학문적 가치

실용학문이라는 말이 있다. 이론과 원리를 연구하는 순수학문과 달리 실무에서 기능적으로 사용할 수 있는 내용을 다루는 학문이다.

한편 사회과학이라는 말도 있다. 인간 사회에서 일어나는 다양한 현상을 과학적이고 체계적으로 연구하는 학문을 말한다. 자연현상을 탐구하는 물리학, 생물학 등의 자연과학과 반대되는 개념으로, 여기에는 사회학과 예술학 등이 포함된다.

언뜻 듣기에는 실용학문이나 사회과학이나 비슷한 말 같지만 이따금 사회과학은 실용학문에 비해 좀 더 원론적인 내용을 담고 있다. 공통점이라면 두 가지 모두 가설을 세우고, 모듈을 적용하는 작업을 통해 연구 주제를 이론적으로 검증하며, 보편 타당하게 설명하려 애쓴다는 점이다.

그리고 '커피'는 최근 들어 이 두 개의 학문 분야에서 떠오르는 연구 주제가 되었다.

국내에서 커피가 연구 대상으로 관심을 받기 시작한 것은 20여 년 전부터다. 김관중의 「추출온도에 따른 커피의 이화학적 및 관능적 특성」(고려대학교, 1992)과 지광희, 고영수의 「커피원두의 볶음 시간에 따른 향기성분의 변화에 관한 연구」(한양대학교, 1994), 백희준의 「배전 및 원두커피의 향기성분」(한국식품과학회, 1996) 등이 초기에 발표된 연구 논문들이며, 당시에는 주로 커피성분의 이화학적인 평가에 대한 내용을 다뤘다.

커피연구가 양적으로 크게 성장한 것은 2010년 전후였는데, 이때는 초기와 다르게 소비자 심리와 산업 형태에 대한 관심이 높았다. 식품이나 다양한 성분의 집합체로 커피를 대했던 1990년대와 달리 커피가 사회과학의 한 현상으로 인식되기 시작한 것이다.

그 무렵 여러 대학교에서 학점은행제나 교내 부설교육기관의 형태로 커피를 교육했고, 지방에는 커피를 정규 교육과정으로 삼는 전문대학들이 생겨났다. 하지만 이토록 많은 연구들이 커피를 주제로 하고 있음에도, 커피는 여전히 하나의 학문으로 인정받지 못하는 경향이 있다. 실제로 현재 4년제 대학 중에는 커피바리스타학과는 고사하고, 커피를 전공으로 채택한 곳도 없다. 그럼에도 이례적으로 많은 사람들이 커피를 연구 주제로 삼고 있다. 도대체 그 이유는 무엇일까?

학문은 어떤 현상을 이론적으로 검증하고 일반적으로 설명할 수 있는 것을 모아 놓은 지식체계다. 그것이 실용학문이든 순수학문이든, 사회과학이든 자연과학이든 마찬가지다.

그런 점에서 커피는 학문이라고 보기에 어려운 부분이 많은 것이 사실이다. 왜냐하면 커피에서 '이론'이라고 하는 것 중에는 실험과 연구를 통해 증명되지 않은 것들이 다수 존재하기 때문이다. 오히려 현대에 들어와 과거에 '이론'이라고 믿어 왔던 게 틀린 것이라고 밝혀지는 경우도 있다.

우리가 흔히 배우는 커피학 개론의 첫 장에는 '아라비카는 로부스타보다 긍정적인 향미 성분이 더 많다'라던가, '고지대에서 자라는 커피가 저지대에서 자라는 커피보다 긍정적인 향미 성분의 밀도가 더 높다'라는 식의 이론이 나온다. 그러나 실제 연구에 따르면 로부스타는 아라비카보다 고형성분과 환원당의 밀도가 높으며, 애당초 두 가지 품종은 지속적인 교배로 인해 아라비카 계통에는 약 8~27%에 달하는 꽤나 많은 양의 로부스타 게놈이 섞여있다고 한다.(Lashermes 외, 2000) 커피성분

과 재배 고도의 상관관계를 살펴본 것으로는 2004년 니카라과에서 진행된 라라 에스트라다 레오넬Lara-Estrada Leonel과 바스트 필립Vaast Philippe의 연구가 대표적이다.

이러한 기존의 연구들은 대부분 커피성분의 측정이나 향미 자체에 대한 분석보다, 생두의 부피대비 밀도 측정이나 소수의 전문패널을 대상으로 한 관능 평가로 이루어졌다.

현재까지도 커피의 어떤 성분이 어떤 향미로 연결되는지에 대한 연구는 미비한 상황이며, 수많은 커피성분 가운데 1/3 가량은 무슨 역할을 하는지 밝혀지지 않았다. 결국 우리가 '이럴 때 좋은 향미가 난다', '이렇게 만든 커피가 더 좋다'라고 이야기하는 것은 이론이라기보다 통념에 가깝다. 대대로 구전되어 마치 사실처럼 여겨지는 통념 말이다. 사회과학에서는 이러한 통념을 통계라는 조사 방법을 통해 이론으로 만든다. 많은 사람들이 그렇게 믿기 때문에 사실로 인정할 수 있다는 논리다.

하지만 이 역시도 국내외의 많은 관능 평가가 소수의 패널을 상대로 진행된다는 점에서 통계적으로 증명하기가 쉽지만은 않다. 우리가 그동안 '이론'이라고 믿어 왔던 무수히 많은 통념이 누군가의 새로운 이론으로 반증되는 순간, 그간의 연구결과가 전부 거짓으로 입증될 수 있다는 얘기다. 바로 이 부분이 커피가 학문적으로는 낮은 가치를, 연구 대상으로는 높은 가치를 지니는 이유다.

최근 몇 년 동안 커피에 관한 논문을 썼던 사람들은 하나같이 이러한 매력에 이끌렸던 것이라고 생각한다. 요즘 연구들을 보면 상당수가 다양한 사회과학분야 출신에 의해 이루어지는 것을 알 수 있다. 연구자들의 배경으로는 식음료 서비스와 호텔 경영이 가장 많고, 식품영양과 공학, 미생물학이 그 뒤를 잇는다. 이들은 기존의 연구 주제를 커피로 좁혀나간 경우가 대다수다.

반면 커피업계의 실무자 출신이 자신의 전문분야를 앞세워 학계에 입문하는 경우도 늘어나고 있다. 이들은 커피학원의 강사로 연구 주제가 되는 가설을 이론으로 믿고 교육해온 사람들이다. 이들이 학계에 들어오기 시작한 것은 커피학원이 전문대학과 평생교육원으로 영역을 확장하고 '강사'가 '교수'로 불리면서부터다. 커피가 학문으로 인정받기도 전에 사회적 관심이 집중되자 대학들이 수익사업의 일환으로 커피교육을 시작하고, 기술자였던 커피강사를 영입한 것이다. 하지만 그 교육 내용은 앞서 말한 것처럼 통념에 근거한 것이 많았고, 현재 이루어지고 있는 연구들도 이러한 흐름에 대한 비판 의식에서 출발하지 않았을까 싶다.

현실적으로는 박사학위 소지자를 교수로 채용하는 국내 대학의 채용 관례도 큰 몫을 했다. 연구 논문과 학문적 지식으로 무장한 연구자들이 대학의 교수진으로 발탁되면서 실무를 바탕으로 경험을 쌓아온 이들은 점점 설 자리를 잃게 됐다. 때문에 대학 강단에 남고자 했던 이들은 어떻게 해서든 연구결과를 내야 했을 것이다. 커피에 대한 뜨거운 사회적 관심과 학계에 남고자 했던 실무자 출신들의 맹렬한 기세만큼 커피를 주제로 한 연구는 빠른 속도로 쏟아져 나왔다.

지금은 이 두 그룹이 완벽히 융화된 것처럼 보이지만, 아직까지도 이들 사이에는 좁혀지지 않는 거리가 있다. 연구진 출신은 실무자 출신의 이론적 설득력에, 실무자 출신은 연구진 출신의 실용성에 냉소적인 편이다.

원래 '연구'와 '논문'이라는 것은 과거에 증명된 이론과 연구결과를 토대로 한다. 예를 들어 한 선행 연구에서 'A=B'라는 결과가, 또 다른 선행 연구에서 'B=C'라는 결과가 있었기에 'A=C'라는 것이 밝혀질 수 있는 것이다. 보기에는 굉장히 간단하지만, 이론적으로 증명되지 않는다면 '1+1=2' 같은 너무나 당연한 상식도 활용할 수가 없다.

대개 커피에 관련된 논문들은 아주 사소한 것 하나를 연구할 때도 주제에 따라 경영학이나 사회학 같은 사회과학과, 물리학이나 화학 같은 사언과학의 배경지식이 필요하다. 그러나 실무자 출신은 이러한 배경지식과 '당연한 상식을 이론으로 증명하는' 작업에 취약한 것이 사실이다. 때문에 실무자 출신의 연구결과는 언제나 '이론적 타당성'이 도마 위에 오르내린다. 흔히 하는 말로 '연구가 아닌 소설'이라는 것이다.

이런 부분에서 연구진 출신은 큰 강점이 있지만, '커피'라는 주제에 있어서는 다소 기반이 약한 편이다. 커피가 학문보다는 기술로 오랫동안 발달되었기 때문이다. 해외에서는 이미 1980년대부터 미국의 CBI$^{Coffee\ Brewing\ Institute}$와 이탈리아의 Illy 등을 주축으로 국내보다 10년 이상 먼저 커피연구가 진행되었다. 현재는 각계에서 나름의 접근법으로 새로운 기구와 방식을 개발하고 있고, 그 발전 속도는 가히 경이로울 정도다. 그러나 하루가 멀다 하고 쏟아져 나오는 해외의 참신한 아이디어에 비해 국내의 연구 주제는 아직 걸음마 수준에 머물러있다. 그것이 이론이건 통념이건 간에 자신만의 혁신적인 무언가를 만들고 싶어 하는 기존의 커피인들에게 국내의 연구는 만족스럽지 못한 것이다. 그래서 이들은 선행 연구를 무시하고, 심지어 국내에서 행한 자신의 연구마저 비하한다.

다소 고루한 얘기지만, 나는 그 중간 어딘가에 서로가 찾는 답이 있을 거라고 본다. 나는 오랜 시간 커피를 가르쳤던 강사고, 생두를 취급하는 회사에서 근무했던 커피인이기도 하다. 하지만 파고들어 따지기를 좋아하는 내 성향 때문인지는 몰라도, 현재 학계에서 이루어지는 검증 작업은 커피가 하나의 학문으로 자리 잡는 데 반드시 필요한 것이라고 본다. 다만 어떤 연구가 커피를 보다 가치 있는 실용학문으로 만드는가 하는 문제에 있어서 만큼은 실무를 바탕으로 한 업계 실무자들의 의견이 필요하다.

통념이라는 것을 완전히 부정해버리면 경우에 따라 연구의 진행 자체가 어려울 수도 있다. 예를 들어 관능 평가 중에는 커피 향미표현 용어를 개발하기 위한 실험이 하나 있는데, 이는 일정기간 훈련받은 일반 패널이나 전문패널을 대상으로, 연구 대상을 표현하는 용어를 찾아내고, 그것의 정의를 만드는 방식으로 진행된다.

일례로 특정 지역의 커피를 표현하는 용어를 몇 가지 도출해낸 다음 그것이 어떤 향과 맛을 의미하는지 구체적인 제품이나 성분에 빗대어 서술한다고 했을 때, 패널의 훈련에 보편적인 기술을 적용할 수 없거나 '일반적'이라고 할 만한 커피의 관능 특성을 규정할 수 없다면 실험을 진행하는 데 어려움이 생기고 만다.

특정 조건과 성분이 커피의 등급과 결점에 미치는 영향을 연구한다고 가정했을 때, 설령 그 조건과 성분을 정량적으로 측정할 수 있더라도, 우리가 관능적으로 '결점이라고 믿어왔던 것'을 용납하지 않는다면 무엇을 기준으로 '결점 향미'라는 것을 구분 지을 수 있겠는가? 반대로 이화학이나 통계에 따른 검증 작업은 무시한 채 관례와 통념만으로 관능 평가를 진행한다면, 그 또한 어떤 가치도 없을 것이다.

물론 어느 한 개인이 학문적 배경과 실무 감각을 모두 지니고 연구에 임하는 것도 불가능하지는 않다. 하지만 실제로는 실무자 출신의 아이디어를 연구진 출신이 이론적으로 검증해내는 작업만큼 이상적인 것이 없다. 국내에는 이런 사례가 얼마 없지만, 종종 커피잡지나 인터넷 신문을 통해 이러한 성격의 실험적 연구가 발표되곤 한다. 그중에는 소재가 재치 있는 연구도 있고, '정말 그럴까?' 싶었던 실무에서의 의문점을 객관적으로 풀어내는 데 성공한 사례도 있다.

어느 한 개인이 모든 커피지식을 섭렵하고 새로운 연구를 진행하기에 커피는 오랜 역사를 지녔고, 또 너무 빠르게 변화한다. 비록 동화 같은 이야기일지라도, 나는 앞으로 커피업계에 깜짝 놀랄만한 새로운 무언가가 등장한다면, 그건 분명 다수의 전문가들이 공조로 이뤄낸 것이라고 생각한다. 그리고 언젠가는 나도 그런 자리에 함께할 한 축이 되고 싶다는 거창한 꿈을 꾼다.

08

프리랜서로
산다는 것

누군가 커피에 관한 새로운 지식과 기술을 손쉽게 배울 수 있는 방법을 물어본다면, 나는 고민 없이 '세미나'라고 답할 것이다. 커피업계에는 유독 '세미나'라는 이름의 단기 교육이 많은 편이다. 평범한 주제로 일정기간 진행되는 정규 교육과 달리, 세미나는 독특한 주제가 있거나 이벤트성으로 진행되는 경우가 많다. 예전에는 주로 한국을 방문한 해외의 유명 커피인들이 연사로 나섰지만, 외국에서 직접 교육을 받거나 새로운 경험을 한 한국인들이 많아지면서 이들의 강연도 눈에 띄게 늘어났다. 이들은 사업체에 소속되어 있는 경우도 있지만, 대체로 자신

을 '프리랜서'라는 직업으로 소개하곤 한다.

보통 프리랜서들이 생계유지를 위해 선택하는 방식은 기존에 근무했던 회사에서 배운 밑천을 이용하는 것이다. 영업이나 컨설팅을 하던 사람들은 그동안 쌓아온 인맥과 기술을 토대로 비슷한 일을 하고, 교육을 하던 사람들은 세미나에서 강의를 하거나 개인 카페의 창업 교육을 하곤 한다. 워낙 커피강사 출신 프리랜서가 많다 보니 크고 작은 세미나도 많다. 가르치는 입장이야 어찌됐든 배우는 입장에서는 선택의 폭이 넓어지는 셈이다.

나는 지금까지 두 번의 프리랜서 생활을 했다. 첫 번째는 2008년, 처음 입사한 회사를 떠나 혼자서 커핑 공부를 할 때였다. 그때는 딱히 어떤 목적을 가지고 그 길을 택했다기보다 마음이 움직이는 일을 찾기 전 손에 잡히는 대로 일을 한 것에 가까웠는데, 사람들은 그런 나를 프리랜서라고 불렀다. 두 번째는 2011년, 첫 번째 프리랜서 생활을 끝내고 들어간 두 번째 직장을 그만둔 뒤 석사과정을 밟으며 대학 강사로 일할 때였다. 2년이 조금 넘는 이 기간은 내 커피인생에서 가장 즐겁고도 골치 아픈 시기였다.

한국 커피업계에는 유독 프리랜서가 많다. 하지만 자신을 프리랜서라고 소개하는 사람 중 한 해가 넘어서도 그 생활을 유지하는 사람은 보기 드물다. 생활고를 이기지 못해 다시 취직하거나, 애당초 프리랜서를 취업 준비기간을 대신하는 말로 쓰기도 한다. 간혹 프리랜서 생활 자체를 목표로 삼는 경우도 있지만, 이들 역시 불규칙한 수입으로 인해 결국에는 취업이나 창업을 선택하곤 한다. 나는 사람들이 프리랜서 생활에 실패하는 가장 큰 요인이 '프리랜서'라는 직업에 대한 오해 때문이라고 생각한다.

프리랜서를 'free'라는 이름 그대로 자유롭게 일할 수 있는 직업이라고 여기기 쉽다. 하지만 알고 보면 프리랜서는 그 어떤 회사에 소속되어 있을 때보다 더욱 엄격하게 자기 자신을 감독해야 하는 직업이자, 회사에 소속되어 있어도 업무와 무관하게 자발적으로 커리어를 쌓아가야 하는 사람이다. 흔히들 '직원은 오너의 마음을 이해하지 못한다'고하는데, 프리랜서는 바로 그 오너의 입장이 되어 보는 더없이 좋은 기회다. 운영하는 회사는 다름 아닌 '나'라는 사람. 자기 자신에게 투자하고 스스로를 운영하는 1인 기업인 것이다. 때문에 프리랜서도 여느 회사들처럼 경영방침을 마련해야 한다. 이를 회사를 운영할 때와 마찬가지로 경영상태 진단, 경영전략 수립, 그리고 유지관리로 단계를 나눠설명해보려 한다.

우선 '경영상태 진단'은 운영 대상인 자기 자신의 역량을 파악하는 것이다.

강사 일을 하다 보면 '강사가 되려면 어떻게 해야 하나요?'라는 질문을 가장 많이 받는다. 하지만 정작 그들이 해야 할 진짜 질문은, '어떻게 하면 강사가 될 수 있느냐'가 아니라, '자신의 어떤 능력을 이용해 강사가 될 것인가'다. 강사뿐 아니라 프리랜서, 혹은 그밖의 어떤 직업도 똑같다.

예를 들어 어떻게 해야 프리랜서가 될 수 있는지만 생각한다면 기존의 프리랜서들이 생계를 유지하는 방법을 알아보고, 그와 유사한 일을 시도하는 것이 일반적이다. 이는 프리랜서를 어느 특정한 일을 하는 사람이라고 생각하는 데서 비롯되는 실수다. 물론 이런 식으로 이미 다른 사람이 활동하고 있는 시장에 뛰어들 수도 있지만, 그러기 위해서는 그들과 경쟁할 수 있을 정도의 능력이 필요하다.

내가 본의 아니게 프리랜서 생활을 시작했을 때만 해도 '프리랜서'란 신규 매장의 오픈 컨설팅을 하는 사람이었다. 사실 단발로 하는 일 중에 컨설팅만큼 수익성이 좋은 일도 없다. 게다가 그때는 카페가 기하급수적으로 증가하는 시기였기 때문에 일자리를 찾는 것도 그리 어렵지 않았다. 하지만 나는 아주 특별한 경우를 제외하고는 그 일을 받아들이지 않았다. 내가 잘할 수 있는 일이 아니기 때문이었다.

부딪혀서 못하는 일이 어디 있냐고 할 수도 있지만 그건 굉장히 무책임한 발상이다. 프리랜서에게는 회사가 배경이 되어주지도, 보증해주지도 않는다. 오직 나의 능력과 성과만으로 신용을 얻어야 한다. 앞서 말했듯이 당시에는 제대로 준비되어 있지 않은 사람들이 덜컥 매장을 얻어 놓고 '컨설턴트' 혹은 '오픈 매니저'라는 이름의 전문가를 찾는 경우가 많았다. 단기간에 소득을 거둘 생각에 마음이 흔들려 카페의 동선이나 메뉴에 대한 지식과 경험도 없이 무작정 컨설팅에 뛰어드는 사람들과, 그들이 만들어낸 실패작도 쉽게 볼 수 있었다. 하지만 이런 무작위식의 작업은 프리랜서의 수명을 한없이 단축시킨다. 다시 말해 '경영상태 진단'에서는 자신이 할 수 있는 부분과 그렇지 않은 부분을 냉정하게 판단하는 것이 핵심이다.

두 번째 '경영전략 수립'은, '경영상태 진단'에서 '내가 할 수 있는 것'으로 분류된 일을 어떻게 활용할지 결정하는 단계다. 쉽게 말해서 활동 방식을 정하는 것이다. 내가 프리랜서로 생활하면서 가장 애를 먹은 것도 이 부분이었다.

내가 처음 프리랜서가 되기 전에 했던 일은 주로 커피품질 평가와 교육이었다. 커피학원 사업이 빠르게 성장할 무렵이었던 만큼 프리랜서 강사로 방향을 잡은 것에는 크게 무리가 없었다. 다만 내가 오로지 추출과 커핑에 한정해서 교육을 하려고 한 점이 문제가 됐다. 당시 나는 내 진로를 '커퍼'라고 생각했기 때문에 그것에 매진하고 싶었고, 실제로 가장 자신 있는 부분이기도 했다. 그러나 프리랜서 강사를 원하는 곳은 하나같이 바리스타 교육을 할 사람을 찾았고, 애초에 커핑을 단일 과목으로 가르치는 학원도 없었다. 그러다보니 커핑을 고집했던 나는 일자리를 구하는 데 제약이 많았고, 수입도 근근이 생활할 수 있을 정도밖에 되지 않았다.

비록 서투르긴 했지만 개인적으로는 그 결정이 틀렸다고 생각하지 않는다. 나는 단순히 '내가 하고 싶은 일이라서' 커핑을 고집했지만, 그때만 해도 커핑이 흔한 경력이나 교육소재가 아니었기 때문에 그것이 나의 특징이자 장점이 되었다. 물론 내가 조금 더 영리했더라면 당시 시장에서 커핑 교육을 거부감 없이 받아들일 만한 형태를 고려해봤을 테지만 말이다.

이렇듯 프리랜서로 살아갈 때만큼은 자신만의 분명한 특장점을 가지고 있어야 한다. 특히나 요즘처럼 프리랜서가 많이 생기는 시점에는 더더욱 그렇다. 부족한 부분을 채우기 위해 추가로 경력을 쌓고 공부를 할 수도 있겠지만, 진정한 경쟁력은 내가 지니고 있는 여러 가지 능력 중 특장점이 될 수 있는 것을 발견하는 것에서부터 나온다. 이는 프리랜서의 직업적 특성으로 인해 더욱 중요시된다.

프리랜서는 어디까지나 일용직이다. 프리랜서를 한 달이나 일 년 단위로 장기 고용하는 경우는 흔치 않다. 프리랜서가 시간 대비 높은 급여를 받지만, 그럼에도 이들을 들이는 이유는 '정규직'이 가지지 못한 전문성과 차별성이 있기 때문이다. 이것이 프리랜서의 경쟁력이자 존재이유다.

로스팅도 커핑도 추출도 모두 다 잘하는 만능 엔터테이너를 목표로 할 수도 있다. 그러나 다방면으로 적당히 한다는 말은 그 어떤 것도 특별한 게 없다는 뜻이기도 하다. 소규모 사업장의 정규직에게는 이것이 중요한 덕목일 수 있지만, 프리랜서의 입장에서는 결코 그렇지 않다.

나 또한 창업자들이 유독 많이 찾는 학원에서 교육을 했고, 멀티 플레이어가 되기를 요구받았던 때가 있었다. 한 자리에서 우유를 두 짝씩 비워가며 라떼아트를 연습했던 적도 있다. 다들 일을 시작하는 단계에서는 비슷한 시기를 지나겠지만, 프리랜서로 살아갈 생각이라면 어느 시점이 왔을 때 자신이 정말 잘할 수 있는 것을 찾아 온전히 내 것으로 각색할 줄 알아야 한다.

입장을 바꿔 자신을 고용주라고 생각해보자. 규모 있는 회사나 학원에 소속된 것도 아닌, 신용도 보증도 없는 나를 고용해야 할 이유가 무엇인지 말이다. 가끔 '저렴한 인건비'를 경쟁력으로 삼는 이들도 있는데, 그런 생각을 하는 사람들은 무수히 많고, 결국에는 치킨 게임chicken game*이 된다는 것을 잊어선 안 된다. 당연한 얘기지만 고용주들이 택한 것은 내가 아니라, 저렴한 비용이기 때문에 결코 연속성을 유지하지 못한다.

※ 치킨 게임chicken game 어느 한 쪽이 양보하지 않으면 둘 다 파국으로 치닫게 되는 극단적인 게임 이론.

나는 두 번째 프리랜서 활동을 했을 때 이 부분을 많이 고민했다. 프리랜서가 '나'라는 하나의 브랜드를 경영하는 입장이라면, 내가 전문성을 지닌 분야에서 최소한 하나라도 좋은 성과를 낼 필요가 있다고 생각했다.

컨설턴트라면 성공 사례가 적어도 하나 이상은 있어야 한다. 장사가 잘되는 매장 말이다. 그래야 자신의 이름을 걸고 연속성을 유지하며 일할 수 있다. 그러나 교육을 하는 사람들 중에는 이를 대수롭지 않게 여기는 이들이 많다. 프리랜서 강사 역시 정규 교육과정에서 다루지 않는 자신만의 참신한 시각이나 교육내용을 하나쯤은 가지고 있어야 한다. 그게 아니라면 실력 있는 학생을 사회적으로 성공시키는 것도 좋은 방법이다.

이를 위해 몇몇 사람들이 선수 트레이닝에 중점을 두곤 하지만, 내 경우에는 나만의 교육법을 고안하는 것에 집중했다. 나는 원래 향미 교육과 일반 소비자들에게 커피의 향미 특성을 효과적으로 전달하는 방법에 대해 관심이 많았다. 대부분의 향미 교육이 해외의 기준과 용어를 따르고 있지만, 그것이 한국의 정서와는 사뭇 차이가 있었기 때문이었다. 그래서 플레이버 휠flavor wheel과 같은 외국교재를 우리나라의 식재료나 식문화와 연관 지어 설명하는 교육을 즐겨 했는데, 이것은 확실히 프리랜서 기간 동안 나를 나타내는 명함이자 독특한 이력이 되었다.

꾸준한 프리랜서 생활을 가능하게 하는 마지막 단계는 '유지보수'
다. 프리랜서의 수명을 결정하는 것이 바로 이 부분이다.

프리랜서의 특장점이 평범하게 변하는 데는 오랜 시간이 걸리지 않
는다. 프리랜서를 고용하는 사람은 단순히 그 능력을 확인하고 싶어서
비용을 지불하는 것이 아니기 때문이다. 대개 그들은 프리랜서의 능력
을 배워 자신의 것으로 만들기 원한다. 그래서 프리랜서는 왕성한 활동
을 하면 할수록 자신만의 개성을 잃게 된다. 열심히 활동하는 만큼 많
은 수의 카피캣이 등장하기 때문이다. 쉽게 말해 제 살을 깎아먹
는 직업이라는 것이다. 활동 반경이 넓어지고 하는 일이 많아질수록 끊
임없이 새로운 것을 만들어내야 하며, 나에 대한 투자도 멈추지 않아야
한다. 그저 머리를 맑게 하고 진보적으로 생각해야 한다는 이야기가 아
니다. 남들보다 빨리 업계의 유용한 정보를 얻을 수 있는 자리에 꾸준
히 참석해야 하고, 자신의 강점을 더욱 돋보이게 하는 최신 기술이라면
누구보다 먼저 배워야 한다.

이는 물질적으로도 정신적으로도 엄청난 피로를 동반한다. 두 번째
프리랜서 생활을 하면서 내 수익은 그 전과 비교도 안 되게 크게 늘어
났지만, 통장 잔고는 항상 궁핍했다. 벌어들이는 돈은 거의 다 '자기 투
자'라는 명목으로, 해외 행사에 참가하는 데 필요한 체류비와 항공비로
지출했기 때문이다. 이러한 활동을 일과 병행하는 것은 상상을 초월할

만큼 체력적으로 고됐다. 나를 믿고 투자해주는 곳이 없어 모든 것을 스스로 부담해야 했기 때문에 더욱 필사적이었다. 하지만 체력적으로는 더할 나위 없이 고됐던 이 시기가 직업적으로는 정체성을 찾는 중요한 계기가 됐다. 내가 잘하는 일이 무엇이고, 내가 속해야 할 곳은 어디인지가 분명해지는, '나'라는 사람의 정체성 말이다. 그것은 체력적인 고단함이나 가벼운 통장 잔고와는 견줄 수 없는 것이었다.

이러한 일련의 순환 구조를 견뎌낼 수 있는 사람은 그렇지 못한 사람보다 더 오래 프리랜서로서의 생활을 누리지만 대부분 일정 시기가 오면 취업이나 창업으로 안정을 찾는다.

본래 프리랜서가 그런 것이라고 생각한다. 내가 어떤 사람이고 무엇을 잘할 수 있는지, 어디에 속해야 하는지를 분명히 하는 기간 말이다. 자그만 실수도 성과와 평판으로 이어지고, 이는 그 누구도 아닌 나의 노력으로 만회해야 한다. 투자도, 성과도, 그리고 책임도 오롯이 자신의 몫인 것이다. 그리고 그것을 반복하면서 '나'라고 하는 사람을 분명히 알게 된다.

어느 시점에 다다르면 프리랜서로서의 수명이 다하고, 취업이나 창업을 선택하게 된다. 그것이 프리랜서로서의 삶을 포기하는 것이든, 혹은 원하는 목표를 이룬 것이든 프리랜서로서 노력하며 살아온 시간은 결코 배신하는 법이 없다.

4장

커피하는 사람의
눈으로 보다

See with the eye of the coffee people

세상 여러 곳에는 그곳만의 커피가 있다.
나라마다 지역마다 다른 커피를 마시며,
수많은 카페들은 자신만의 색깔을 지니고 있다.
심지어는 개인도 각자의 경험과 삶의 방식에 따라
저마다 다른 커피관을 가지고 있다.
커피를 배우는 일은 이러한 다양한 문화를
새로운 방식으로 경험할 수 있게끔 만들어준다.
애호가보다는 깊지만 전문가보다는 얕은,
조금은 특별한 시각에서 커피를 바라볼 수 있게 되는
것이다.

이스탄불에서 체즈베 커피를 만나다

내게 체즈베 커피는 그저 커피의 역사에서 배우는 '가장 오래된 형태의 커피'였다. 일상생활에서는 만날 일이 거의 없어서인지 현실의 음료보다 역사 속의 커피를 고증한 것에 가깝다는 느낌도 들었다. 먼 옛날 커피를 추출하는 도구가 제대로 갖춰져 있지 않았던 때에 이런 식으로 커피를 내려 마셨더라는 옛이야기에 등장하는 소품, 그 이상도 이하도 아니었다. 최소한 2011년까지는 말이다.

2012년 비엔나에서 열린 월드체즈베/이브릭챔피언쉽World Cezve/Ibrick

Championship, WCIC에 심사위원으로 참가했다가 한국으로 돌아오면서 터키를 경유한 적이 있었다. 마침 체즈베 대회에 다녀오는 길이었기에 본고장에서 정통 체즈베 커피를 맛보고 싶었다.

이스탄불 여행을 계획할 때 빠지지 않는 명소가 성소피아 성당인데, 그 입구 근처에는 번화가가 조성되어 있다. 이슬람 국가인 터키에서는 라마단 기간에 음식은 물론이고 물조차 자유롭게 마실 수 없기 때문에 마지막 절차인 아침 예배를 드리고 나면 가장 먼저 커피와 차이chai를 마셨다고 한다. 아마도 커피와 차이가 정신을 맑게 하는 효과가 있기 때문이었을 것이다. 오래 전에는 이곳 성소피아 성당 앞에 사람들이 커피와 차이를 나눠 마시던 터가 있었다는데, 지금은 그 자리에 카페와 음식점이 많이 있어서 언제 어디서나 커피와 차이를 즐길 수 있다.

그중 내가 들어간 카페는 성당 입구에서 가장 가까운 곳에 위치한 'Han'이라는 카페였다. 보통 체즈베 커피는 데미타스demitasse보다 작은, 뚜껑이 달린 잔에 담겨져 나온다. 또 카페마다 터키의 다양한 전통과자를 함께 제공하는데, 이곳에선 젤리처럼 생긴 터키쉬 딜라이트turkish delight가 나왔다.

본고장에서 처음으로 맛본 체즈베 커피는 말할 수 없이 인상적이었다. 체즈베 커피의 매력은 누가 뭐래도 높은 바디body와 짙은 향이다. 물론 어떤 원두를 사용하느냐에 따라 다르지만, 체즈베 커피에는 그만의

독특한 향과 질감이 있다. 꽃향기flowery나 과일향fruity을 추구하는 스페셜티 커피를 비웃기라도 하듯, 모두가 흔히 '커피'라는 단어를 듣고 떠올리는 중후한 향을 극대화시킨 느낌이랄까. 처음 커피가 입안에 들어올 때는 설탕 한 톨 들어가지 않은 듯 진한 초콜릿 향chocolaty에, 흡사 테레빈유turpentine oil*와 송진 같은 톡 쏘는 향spicy이 난다. 여기에 묵직하다는 말로는 모자랄 만큼 높은 바디가 커피에 힘을 더한다.

다만 체즈베 커피는 필터 커피의 가볍고 산뜻한 느낌과 상당히 거리가 있기 때문에 처음 경험하는 사람들은 곤혹스러움을 감추지 못한다. 안 그래도 자극적인 향이 묵직한 질감으로 인해 오랫동안 지속되는데다, 부드럽다기보다는 걸쭉한 그 느낌이 마치 커피로 만든 죽 같아서 불편하게 다가오기 때문이다.

사실 체즈베 대회 전날 진행됐던 심사위원 칼리브레이션calibration 때도 나 역시 내색은 안 했지만 많이 당황스러웠다. 4점짜리(매우 좋은) 맛의 전통적인 체즈베 커피라며 제공된 음료를 도저히 좋게 받아들일 수가 없어서였다. 톡 쏘는 향 대신 결점인 페놀릭phenolic에 가까운 향이 계속 남아있는 그 느낌이란! 나는 그것을 훌륭한 체즈베 커피라고 말하는 이들을 보며 적잖은 문화 충격을 받았다. 그래서 대회 때는 단순히 그것을 체즈베 커피의 특성이라고 받아들였을 뿐, 결코 좋게 느끼진 못

---

* 테레빈유turpentine oil 송진을 수증기로 증류하여 얻은 정유. 맛이 시고 특이한 향이 나는 무색 또는 연한 노란색의 액체.

했다. 그런 체즈베 커피의 특성을 좋게 느끼기까지는 많은 상상력과 인내가 필요했다.

하지만 본고장의 체즈베 커피는 달랐다. '이것이야말로 그때 그 체즈베 커피가 목표로 한 것이 아닐까' 싶을 정도로 완벽했다. 나는 그곳에서 체즈베 커피가 코로 향기를 맡는 필터 커피와 달리 입안 가득한 향을 즐기는 커피라는 사실을 깨달았다. 처음 잔을 기울였을 때 느껴지는 코 끝의 짜릿한 향기와 반대로 입안에 퍼지는 향은 무척이나 다채롭고 부드러웠다. 아련하게 느껴지는 꽃과 향신료 향기, 그리고 단맛의 여운은 이제껏 한 번도 접해본 적 없는 새롭고 즐거운 경험이었다.

체즈베 커피는 크레마를 만드는 기술이 중요하다. 체즈베 커피는 기다란 손잡이가 달린 조그만 냄비 모양의 체즈베나 주둥이가 긴 이브릭을 이용해 만든다. 체즈베나 이브릭에 밀가루처럼 곱게 간 커피가루와 찬물을 넣고 가열하면, 커피의 오일성분이 서서히 녹아나오는데, 이때 자칫 커피가 너무 뜨거워지거나 끓으면 크레마가 타서 없어져버린다. 그러면 커피 추출액과 가루가 분리되어 음료의 무게는 가벼워지고, 커피가루의 거친 질감이 적나라하게 드러난다. 커피를 끓이지 않으면서 크레마를 만드는 기술은 생각보다 쉽지 않다. 체즈베 대회에서는 선수들이 이 기술을 얼마나 잘 구현했느냐를 기준으로 승패가 갈릴 정도다.

그런데 체즈베 대회를 치르고 오는 길에 대회장에서보다 더 질감이 뛰어난 체즈베 커피를 만나니 놀랍고도 반가운 한편, 왠지 모르게 허탈하고 기운 빠지는 것이 복잡 미묘한 감정이었다.

언젠가 이스탄불에 방문한다면 다시 한 번 그 맛을 느껴보고 싶다.

체즈베 커피는 분명 그만의 독특한 매력이 있다. 하지만 처음 맛보는 사람들에게는 생소하기만 한 커피고, 어떤 이들에게는 여러 번 마셔도 좀처럼 익숙해지지 않는 마니아틱한 커피다. 적어도 내가 살아온 한국에서는 그렇다. 그런 생각을 하던 차에 문득 이곳 사람들은 체즈베 커피의 맛을 어떻게 받아들일까 궁금해졌다. 이스탄불에 체류하는 3일 동안 많은 음식점과 카페를 방문했지만, 아메리카노나 라떼를 마시는 현지인은 거의 본 적이 없었기 때문이다.

그러다 이스탄불의 한 커피 프랜차이즈에서 그 궁금증을 해결할 수 있었다. 나는 체즈베 대회에서 친분을 쌓은 월드체즈베/이브릭챔피언쉽의 코디네이터이자 2010년도 챔피언인 아이신 아이도두 Aysin Aydogdu 의 소개로 'Mambocino'라는 커피 프랜차이즈의 한 관계자를 만나게 되었다.

그곳은 바 한편에 다른 나라에서 볼 수 없는 특이한 기물 하나가 놓여 있었는데, 바로 모래히터였다. 그것도 에스프레소 머신보다 좌석에 더 가까운 주요 동선에 위치해 있다는 점이 인상 깊었다. 해당 브랜드에 대한 이야기를 듣던 중, 관계자는 내게 대뜸 이런 질문을 했다.

"한국에서 가장 많이 팔리는 커피는 뭔가요?"
"장소에 따라 다르겠지만 아마 아메리카노가 아닐까요?"

내 대답에 그는 뭐라 설명하기 힘든 오묘한 표정을 지었다. 곤란한 기색이 역력한 눈에 웃는 입을 한 표정 말이다. 그 후로도 그는 한국 사람들이 에스프레소를 마시진 않는지, 체즈베 커피를 파는 곳은 없는지 등을 물어보았다. 한국에서 베리에이션 커피 다음으로 많이 팔리는 건 체즈베 커피가 아니라 핸드드립으로 내린 싱글 오리진 커피라고 답할 즈음, 그에게서 이런 이야기를 들을 수 있었다.

"터키에서는 체즈베 커피가 훨씬 더 많이 팔려요. 우리 매장의 경우, 전체 커피 매출의 대부분이 체즈베 커피예요. 에스프레소는 가볍고 마일드mild한 커피가 생각날 때 마셔요. 에스프레소 매출은 커피 전체의 20% 정도밖에 되지 않아요."
"그럼 싱글 오리진 커피는요? 핸드드립 커피도 안 파나요?"
"아, 팔고 있긴 해요. 하지만 커피를 마신다는 생각으로 핸드드립 커피를 찾는 사람은 거의 없어요. 차 대신 마시는 거죠. 보통 핸드드립 커피는 커피 대신 차를 찾는 손님들에게 권해요."

그와 나눈 대화는 그야말로 문화 충격이었다. 세상에 이렇게나 많은 문화권이 있다는 사실을 새삼 깨달은 순간이었달까. 우리나라에서는 찾아보기 힘든 체즈베 커피가 카페 매상의 대부분을 차지한다는 것을 상상이나 할 수 있겠는가? 어쩌면 그때, 체즈베 커피에는 내가 아직 알지 못하는 깊은 마력이 있을지도 모른다는 생각을 했던 것 같다.

나는 한국으로 돌아온 후에도 여러 가지 스타일의 체즈베 커피를 가까이 하려 했고, 다양한 원두로 직접 체즈베 커피를 만들어보기도 했다. 게다가 당시에는 체즈베 종목의 특수성 때문에 많은 곳에서 취재나 행사 요청을 받았다. 그중 가장 기억에 남는 것은 이스탄불 문화원에서 주관한 행사였는데, 처음 요청이 들어왔을 때는 곤혹스러움을 감출 수가 없었다.

'다른 곳도 아니고 이스탄불 문화원에서 왜 한국인에게 체즈베 강의를 해달라고 할까?'

그건 마치 한국의 요리연구원에서 터키 사람에게 김치 수업을 받고 싶다고 하는 격이 아닌가. 선뜻 받아들이기에는 너무 부담스럽고 당황스러운 부탁인지라 원래는 거절하려고 했다. 하지만 '세계인들의 시선에서 바라본 터키 문화가 어떤 모습일지 알고 싶다'는 섭외 담당자의 설명에 어느 정도 납득이 갔고, 현지인들로부터 이런 저런 이야기를 들을 수 있는 재미있는 시간이 될 것 같다는 기대가 생겼다.

행사에는 문화원 관계자들과 주한 터키인들, 그리고 터키 문화에 관심 있는 한국인들이 참석했다. 그리고 그날 나는 터키의 체즈베 커피는 이렇다 할 정의나 특정한 형식이 정해져 있지 않다는 것을 알게 되었다. 그들은 체즈베 커피가 한국의 김치처럼 너무나도 오랜 세월을 터키인들과 함께 해왔기 때문에 어느 한 가지 기준을 공통적으로 적용하기는 어렵고, 그저 저마다 제 색깔이 있을 뿐이라고 했다. 커피와 물의 비율이 얼마든, 그 안에 무엇을 넣든 그건 개인의 자유인 것이었다.

　그러나 그들 대부분이 체즈베에 추가하는 향신료나 커피와 물의 비율은 달리해도, 다른 산지의 커피를 쓰거나 체즈베를 체에 걸러 차가운 음료로 만드는 경우는 극히 드물었다. 체즈베 대회에 출전한 선수들이 여러 산지의 커피로 다양한 체즈베 커피를 만들고, 이를 센서리와 테크니컬 부문으로 나눠 평가받는다는 점도 매우 흥미로워했다.

　나는 그들의 이해를 돕기 위해 아프리카 커피로 내린 핸드드립 커피와 몇 가지 체즈베 커피를 준비해갔다. 체즈베 대회 때 터키 심사위원들이 '전통적인 체즈베 커피의 향미를 내기에 이상적'이라고 했던 인도네시아 만델링Mandheling 커피를 물만 가지고 추출한 기본 체즈베 커피와, 진한 단맛과 다채로운 향신료 향을 내는 하와이 카우Kau 커피에 시나몬 파우더와 카카오 파우더를 섞어 만든 따뜻한 창작음료, 이렇게 두 가지였다.

기본 체즈베 커피를 마시고 나서 참가자들 사이에는 할머니에게서 배운 추출법과 단골 음식점의 체즈베 커피에 대한 대화가 오갔고, 창작음료를 마실 때는 한 분이 고급 레스토랑의 퓨전음식 같다는 특별한 소감을 전하기도 했다. 그렇게 체즈베 커피에 터키 전통음악이 더해진,마치 다과회 같았던 즐거운 시간을 보내고서야 나는 비로소 체즈베 커피의 자유로움을, 거기에는 어떤 공식도 정답도 없다는 것을 이해할 수 있었다.

솔직히 지금도 체즈베 커피는 식후에 한 잔 하고 싶은 커피는 아니다. 하지만 마실 때의 느낌은 불편해도 그만큼 낯선 매력이 있고, 가끔 한 번씩 생각난다. 커피라는 음료의 세계관을 한 뼘, 아니 세 뼘쯤 넓혀 준 것도 체즈베 커피라고 생각한다. 그래서 나는 커피를 처음 경험하는 사람들이나 주변 지인들에게 한번은 꼭 체즈베 커피를 소개한다. 알고 보면 정말 매력적인 커피라고 말이다.

이스탄불 문화원에서 들은
체즈베 커피에 관한 재밌는 이야기

과거 터키에서는 중매결혼이 일반적이었지만 신부는
신랑의 얼굴을 미리 볼 수 없었다. 그래서 결혼 전에
신랑이 가족들과 함께 신부의 집을 찾아오면 신부는
그들에게 체즈베 커피를 제공하고 그제서야 처음으
로 신랑의 얼굴을 볼 수 있었다. 이때 신부는 신랑이
마음에 들면 커피에 설탕을, 마음에 들지 않으면 소금
을 넣었다. 여기서 소금이 든 커피를 마신 신랑은 기
약 없이 즐거운 시간을 보내다 돌아가고, 설탕이 든
커피를 마신 신랑은 본격적인 결혼 준비를 위해 신부
측에 연락하는 문화가 있었다고 한다.

빈에는
비엔나 커피가
없다

커피의 본고장이 어디냐고 물으면 대다수의 사람들은 이탈리아라고 답한다. 그도 그럴 것이 현재 우리가 즐겨 마시는 커피 대부분이 에스프레소를 바탕으로 만들어지기 때문이다. 에스프레소에 물을 넣은 아메리카노와 우유를 넣은 라떼, 카푸치노는 물론이고, 초콜릿이 들어간 카페모카도 마찬가지다. 그래서인지 에스프레소의 본고장인 이탈리아가 오늘날에 이르러서는 커피의 본고장이 되었다.

하지만 세계의 여러 나라를 다니다 보면 세상에는 우리가 아는 것보다 훨씬 더 다양한 형태의 커피가 있다는 것을 알게 된다. 특히 유럽

이 그렇다. 대표적으로 커피를 가루째 물에 넣고 끓이는 터키의 체즈베 커피가 있고, 이밖에도 술이 들어간 아일랜드의 아이리쉬 커피Irish coffee 와 오스트리아의 비엔나 커피Vienna coffee가 있다. 간혹 에스프레소 머신이 없는 프랑스 카페에서 라떼를 주문하면 브루잉 커피와 우유가 따로 나오는 카페오레café au lait가 제공되기도 한다.

그중 비엔나 커피는 국내에도 잘 알려진 메뉴 같지만, 실상은 오스트리아 현지와 다소 차이가 있다. 커피 프랜차이즈에는 별로 없지만, 국내의 몇몇 카페에서 파는 비엔나 커피를 보면 대개 아메리카노나 핸드드립 커피에 달짝지근한 생크림을 올린 모습이다.

2012년 오스트리아 빈을 방문했을 때까지만 해도 나 역시 그런 비엔나 커피를 기대했다. 빈에 가면 이름 그대로 전통적인 비엔나 커피를 마실 수 있을 거라는 생각에 유명한 카페도 몇 군데 찾아두었다.

오스트리아의 유명 카페로는 단연 카페 자허Cafe Sacher와 데멜Demel 을 들 수 있다. 그중 자허는 살구잼이 든 초콜릿 케이크인 자허토르테 Sachertorte로 더 잘 알려진 곳인데, 이곳에서 자허토르테와 비엔나 커피를 시킨 나는 잔을 반도 비우지 못했다.

사실 엄밀히 말하면 비엔나 커피라는 것은 없다. 이름도 본래는 아인슈페너Einspanner이며, 일반적으로 기다란 유리잔에 커피를 담고 그 위

에 크림을 듬뿍 얹어준다. 파르페를 연상시키는 비주얼이 꼭 시원한 음료처럼 보이지만 실제로는 뜨뜻미지근한 편이다.

당시 나는 비엔나 커피를 빨대로 쭉 빨아들이자마자 전해졌던 따뜻한 온도에 한 번 놀랐고, 살짝 떠먹은 크림이 전혀 달지 않은 것에 두번 놀랐다. 그런데다 많은 카페들이 강배전된 로부스타 블랜드를 사용하고 있어서 특유의 고무 향rubbery과 쓴맛이 미지근한 커피, 느끼한 크림과 엉뚱한 시너지를 일으키며 부각되는 바람에 도저히 한 잔을 다 마실 수가 없었다. 빈에 머무는 동안 많은 카페들을 들렀지만 크게 다를바가 없었고, 빈에서 맛있는 정통 비엔나 커피를 만날 거라는 기대도점점 줄어 들었다.

그러던 중 빈에서의 마지막 날, 뜻하지 않게 한국에서 온 몇몇 분들과 하루를 보내게 되었다. 맛있게 식사를 마친 후 커피 한 잔을 하려고 카페에 들렀는데, 일행 중 한 명이 메뉴판을 보지도 않고 아인슈페너를 시키자 다들 빈에서의 경험담을 쏟아내기 시작했다. 하나같이 긍정적인 반응보다는 부정적인 반응이었다. 그런데 그때 아인슈페너를 주문한 사람이 이런 이야기를 했다.

"이 크림에서 단맛이 안 나잖아요? 그래서 그냥 먹지 말고 설탕을 듬뿍 뿌려서 먹어야 돼요. 그리고 커피는 빨대로 마시는 게 아니라 크림이랑 같이 베어 먹는 거예요. 저도 처음에는 맛이 별로였는데 어떤 분이 먹는 방법을 가르쳐주셔서 그렇게 해보니까 전혀 다른 맛이 나더라고요. 그동안은 먹는 방법이 잘못돼서 맛없게 느껴졌던 게 아닐까요?"

때마침 주문한 메뉴들이 나왔는데, 우리는 거짓말처럼 아인슈페너 한 잔을 깨끗이 나눠 마셨다.

오스트리아에서 커피를 마시게 된 건 십자군 전쟁 후의 일이다. 십자군 전쟁에서 패한 투르크인들이 후퇴하면서 도시 곳곳에 생두포대를 두고 갔는데, 이를 계기로 오스트리아의 커피문화가 탄생했다고 한다. 이렇듯 커피의 역사가 워낙 오래돼서 그런지 오스트리아를 비롯한 유럽의 커피는 배전도가 높고 쓴맛이 강한, 일반적인 '커피'의 느낌을 그대로 담고 있다. 최근 들어 유럽에는 '스페셜티 커피' 유행을 반영한 젊은 감각의 카페들이 많이 생겨나고 있는데, 그때 찾아갔던 대회 출신 바리스타들의 카페도 '유럽 커피'의 고정관념을 깨는 메뉴가 구성되어 있었다. 몇 가지 종류의 싱글 오리진 커피를 손님이 원하는 추출도구로 내려줬으며, 심지어 필터도 직접 고를 수 있었다.

하지만 북유럽을 제외한 유럽 지역의 커피는 전체적으로 산미가 강한 개성 있는 커피보다는, 배전도가 높고 안정적인 밸런스를 지닌 커피에 가깝다. 아라비카 블랜드와 싱글 오리진을 쓰는 카페도 많긴 하지만, 전통이 오래된 곳일수록 블랜드에 어느 정도의 로부스타가 포함돼 있고, 에스프레소도 두터운 크레마가 있는 고전적인 형태를 띤다. 때문에 이런 커피를 적당히 물에 희석해서 미지근한 채로 마시면 아무래도 쓰고 텁텁한 맛이 강하게 느껴질 수밖에 없다.

하지만 내가 마신 아인슈페너는 커피의 은근한 온기가 크림을 녹이며 부드러운 조화를 이루는 베리에이션 커피였다. 크림에 뿌린 설탕은 단맛을 내는 동시에 느끼한 맛을 잡아줬으며, 살짝 덜 녹은 듯한 설탕의 바삭바삭한 식감은 아인슈페너를 더욱 맛있게 즐길 수 있게 해줬다.

원래 아인슈페너란 말을 끄는 마부를 뜻하는 단어다. 과거 귀족들의 말을 끌던 마부들은 커피의 온기를 가능한 오래 유지하기 위해 그 위에 크림을 올렸고, 육체노동의 피로를 없애기 위해 설탕을 듬뿍 뿌려서 먹었다. 또한 커피를 한 손으로도 쉽게 마실 수 있도록 잔의 모양을 지금과 같은 형태로 발전시켰는데, 그 모습이 멀리서 보면 꼭 횃불을 들고 있는 것 같았다고 한다. 음악회나 귀족들의 모임이 있는 날이면 어김없이 아인슈페너를 든 마부들을 발견할 수 있었고, 이는 외지인들의 눈에 무척이나 독특한 광경으로 비춰졌다. 그래서 빈에서만 볼 수 있는 커피라고 하여 '비엔나 커피'라는 이름으로 불리게 되었다.

솔직히 아인슈페너 마시는 법을 배우긴 했지만 그것이 몇 번이고 다시 찾을 만큼 감동적인 맛이었는지는 잘 모르겠다. 하지만 어느 지역의 커피에 얽힌 유래와 문화를 알고 나면, 커피를 마시는 일은 단순한 미식의 차원을 넘어 큰 즐거움을 선사하곤 한다. 다만 미지의 맛을 제대로 경험하려면 '커피의 맛은 이래야 한다'는 고정관념을 버리고, 그곳의 특수성과 문화적 배경에 주의를 기울여야 한다.

이야기를 듣고 이해하고 맛을 본다.

이러한 과정을 거쳐 평범했던 커피는 '문화'라는 새로운 맛을 내는 특별한 커피가 된다. 나는 맛있는 커피를 만드는 것은 좋은 생두나 훌륭한 로스팅뿐 아니라, 다양한 문화에 대한 관심이라는 것을 그 한 잔의 아인슈페너를 통해 배웠다. 언젠가 또 오스트리아 빈에 간다면, 내가 미처 모르고 흘려 보냈던 몇 잔의 아인슈페너를 다시 찾아보려 한다.

03

호주의
커피도시
멜버른

———

스페셜티 커피로 인정받는 나라를 꼽으면 호주는 언제나 세 손가락 안에 든다. 그중에서도 멜버른의 입지는 가히 독보적이다. 호주 제2의 도시인 멜버른은 '호주의 커피도시'라 불릴 만큼 수준 높은 커피문화가 형성되어 있다. 인구당 커피 소비량은 세계 최고 수준이고, 역대 최연소 월드바리스타챔피언인 폴 바셋Paul Bassett을 배출한 도시이기도 하다.

한국에서도 많은 커피 긱coffee geek들이 커피를 배우기 위해 멜버른으로 향한다. 2015년도 호주 라떼아트챔피언쉽과 컵테이스터스챔피언쉽에서 호주에 거주하는 한국 선수들이 우승을 했을 정도니 그 열기는 과연 짐작할 만하다.

내가 멜버른을 방문한 것은 2013년, 멜버른 국제 커피 엑스포Melbourne International Coffee Expo, MICE와 함께 열렸던 월드바리스타챔피언쉽World Barista Championship, WBC에 심사위원으로 참가하기 위해서였다.

당시 내가 느낀 멜버른 커피의 첫인상은 커피와 음식이 매우 잘 결합되어 있다는 것이었다. 카페에 앉아 커피를 주문하려고 하면 점원은 항상 브런치 메뉴판을 먼저 건넸다. 카페는 우리가 흔히 생각하는 '커피를 파는 곳'의 느낌보다 '커피도 마실 수 있는 음식점'의 느낌이 더 강했다.

호주에 체류하는 동안 호주로 워킹홀리데이를 떠난 두 사람이 여러 카페를 안내했는데, 그중 한 명이 2015년도 호주 컵테이스터스챔피언쉽에서 우승한 고현석 바리스타였다. 그들의 말에 따르면, 많은 호주 사람들이 이런 식으로 카페에서 식사를 한다고 한다. 그래서인지 음식을 파는 카페에 들어가면 점원은 늘 끼니가 될만한 것이 적혀있는 메뉴판을 주고, 커피만 시키면 음식은 필요 없냐며 재차 확인하곤 했다.

커피는 마치 음식에 곁들이는 음료 같았는데, 보통 음식이 나오기 전에 제공되었다. 한 가지 또 특이한 점은 완전히 비우지 않은 잔이라도 음식이 나오면 치워버리는 경우가 종종 있다는 것이었다. 그래서 나는 멜버른에 있는 동안 카페점원이 테이블 근처에 오면 잔을 꼭 붙잡고

있는 습관이 생기기도 했다.

그러나 음식에 커피를 곁들인다고 해서 여느 '음식점 커피'의 이미지를 떠올린다면 큰 오산이다. 좋은 곳들만 안내해준 두 사람 덕분인지는 몰라도, 내가 갔던 모든 카페들이 훌륭한 음식만큼이나 훌륭한 커피를 선보였다. 생두의 품질이 뛰어나다는 것을 단번에 알아차릴 수 있을 만한 '진짜 스페셜티' 커피였다. 카페들은 각자의 스타일대로 커피를 제공했으며, 다이렉트 트레이드나 CoE$^{Cup of Excellence}$(컵 오브 엑셀런스)를 통해 공수한 커피를 제공하는 곳도 적지 않았다.

산미와 향을 지닌 커피는 그 자체로 뛰어난 에피타이저이자 디저트로 손색이 없었고, 음식과 함께 할 때면 그 향미가 다른 식재료들과 어울려 독특한 조화를 이루었다. 커피를 식전과 식후에 각각 한 잔씩 마시는 사람들도 적잖이 보였는데, 일행 중 한 명은 한국에 비해 빠른 회전과 높은 객단가를 부러워했다.

하지만 개인적으로는 커피에 대한 이곳 사람들의 인식이 더 신선하게 느껴졌다. 한국에서 커피는 음식을 먹고 난 후 입안을 정화시키는 음료의 이미지가 강한 데 반해, 멜버른에서는 커피가 식사의 일부로 자리잡은 것 같았다. 커피는 그저 입가심으로 마시는 부차적인 요소가 아니었고, 어떤 음식에 어떤 커피를 곁들이느냐에 따라 식사의 맛과 분위기가 달라졌다. 소믈리에들이 말하는 와인과 음식의 마리아주^{mariage}가 바로 이런 게 아닐까 싶을 정도로 커피와 음식의 탁월한 조화를 느낄 수 있는 새로운 경험이었다.

그렇다면 호주에서는 어떤 커피를 마셔야 할까?

많은 호주 카페에서 싱글 오리진으로 내린 브루잉 커피를 만날 수 있지만, 호주 커피라면 역시 롱 블랙long black과 플랫 화이트flat white를 빼놓을 수 없다. 롱 블랙은 에스프레소에 소량의 물을 넣은, 진한 아메리카노 같은 커피고, 플랫 화이트는 거품을 얇게 올린 라떼쯤으로 생각하면 된다.

호주 커피는 전반적으로 배전도가 낮은 편이다. 모든 카페가 그렇진 않지만, 간혹 핸드드립이나 사이폰 커피를 주문하면 샘플 로스팅의 낮은 배전도에 익숙한 나조차도 깜짝 놀랄 만큼 강렬한 산미나 풀냄새가 느껴지는 커피가 나오기도 한다. 하지만 대다수의 호주 카페들이 좋은 품질의 생두를 사용하는 까닭에 과하다 싶게 배전도가 낮은 커피도 강한 향을 내곤 한다. 그런 점에서 호주의 브루잉 커피는 다소 취향에 맞지 않더라도 나름 즐길거리가 있다.

이렇듯 약하게 로스팅한 좋은 품질의 원두를 에스프레소로 추출하면 최근의 트렌드에 부합하는 개성 있는 스페셜티 커피가 된다. 실제로 호주 스페셜티 카페들의 커피는 전부 다 대회용 에스프레소 같은 느낌이었고, 그런 에스프레소의 비율이 높은 롱 블랙에는 아메리카노에서 느끼기 힘든 복합적인 맛과 향이 깃들어 있었다.

에스프레소의 짙은 향미와 아메리카노의 옅은 농도 사이에서 타협을 본 메뉴라고 해야 할까. 몇 번인가 호기심에 롱 블랙을 주문하고 물로 희석해서 맛을 본 적이 있었는데, 원두의 낮은 배전도 때문인지 커피의 비중이 낮아지고 향미가 약해지면서 매력이 크게 반감되는 것을 느꼈다. 이는 국내외의 많은 커피업체들이 라떼나 카페모카 같은 베리에이션 커피를 기준으로 블랜드를 만드는 것과 상당히 비교되는 모습이었다.

또 한 가지 특별했던 점은 블랜드에 대한 그들의 접근방식이었다. 나는 국내든 해외든 로스터리에 가면 우선 그곳의 하우스 블랜드를 마셔보는 편이다. 하우스 블랜드는 로스터리의 생두 선택 기준과 로스팅 방식, 커피 맛의 특징 등 그 가게house가 지향하는 방향을 잘 보여주기 때문이다.

안타깝게도 당시에는 카페들이 주로 블랜드 대신 다채로운 싱글 오리진을 판매했는데, 그것은 확실히 월드바리스타챔피언쉽 기간 동안 멜버른을 찾는 커피인들을 의식한 것이라고 들었다. 하지만 블랜드를 판매했던 몇몇 카페들도 하우스 블랜드가 아닌 커피의 수확시기마다 바뀌는 시즈널seasonal 블랜드를 선보이는 경우가 많았고, 그 안에 들어있는 각각의 싱글 오리진이 어떤 것인지도 비밀로 하지 않아서 원하면 따로 구매할 수 있었다.

한참이 지나서 멜버른의 평소 모습이 궁금해진 나는 고현석 바리스타에게 호주의 블랜드에 대해 물어본 적이 있었는데, 그때 매우 흥미로운 이야기를 들었다.

그는 대부분의 국내 업체들이 블랜드에 들어가는 싱글 오리진의 종류나 비율을 어느 정도 정해놓고 크게 변경하지 않는 데 반해, 호주의 블랜드는 변화폭이 크다고 했다. 커피산지의 수급 상황에 따라 여러 가지 시즈널 블랜드를 갖추는 카페들도 있지만, 하우스 블랜드를 판매하는 곳에서는 일정한 향미를 유지하기 위해 구성을 바꾸기도 한다는 것이었다. 그래서 아무리 똑같은 이름을 가진 블랜드라고 해도 커피를 언제 구입했는지에 따라 내용물이 다를 수 있다. 물론 이런 경우에도 커피에 관한 정보는 전면 공개되며, 별도의 싱글 오리진으로 팔기도 한다.

내가 호주를 방문했을 때는 월드바리스타챔피언쉽이 열렸던 기간이라 그랬는지 테이스팅 세션tasting session을 운영하거나 테이스팅 플레이트tasting plate라는 이름의 세트메뉴를 판매하는 카페들을 여럿 볼 수 있었는데, 각 매장을 돌며 다양한 커피를 한데 묶어서 마셔볼 수 있다는 건 정말 큰 즐거움이었다. 그중에서 가장 기억에 남는 곳은 옥션 룸Auction Room과 세인트 알리St.Ali다.

세인트 알리는 멜버른에서도 명망 높은 스페셜티 카페다.

호주의 스페셜티 커피를 이야기할 때 빼놓을 수 없는 요소가 바리스타인데, 대표적으로 2015년도 월드바리스타챔피언인 사사 세스틱 Sasa Sestic과 2003년도 월드바리스타챔피언인 폴 바셋, 그리고 맷 퍼거 Matt Perger를 들 수 있다. 맷 퍼거는 2014년도 월드커피인굿스피릿챔피언쉽World Coffee In Good Spirit Championship, WCIGSC 우승, 2012년도 월드브루어스컵World Brewers Cup, WBrC 우승, 2011년도 월드바리스타챔피언쉽World Barista Championship, WBC 3위, 2013년도 월드바리스타챔피언쉽 2위 등 화려한 수상경력을 지닌 바리스타다. 호주의 커피천재로 불리는 그는 EK43 그라인더를 활용하는 자신만의 추출기술로 전 세계에 두터운 팬층을 거느리고 있는데, 그를 배출한 카페가 바로 세인트 알리다.

세인트 알리의 창업주인 마크 던든Mark Dundon은 이밖에도 세븐 시드 Seven Seeds와 브라더 바바부단Brother BABA BUDAN 등을 탄생시킨 바 있는 멜버니언Melbournian 커피의 유명인사다. 그런 그가 창업한 카페 중에서도 세인트 알리는 최고의 스페셜티 커피를 판매하는 매장으로 잘 알려져 있다. 현재는 살바토레 말라테스타Salvatore Malatesta가 세인트 알리를 소유하고 있으며, 이곳은 늘 멜버른의 스페셜티 커피를 사랑하는 손님들로 붐빈다. 커피행사 기간에는 멜버른에 있는 두 개의 매장과 행사장을 순환하는 셔틀버스가 운행될 정도로 많은 방문객들이 이곳을 찾는다.

내가 본 세인트 알리의 메뉴판은 굉장히 독특한 형태를 하고 있었다. 싱글 오리진 커피에는 카페가 제안하는 몇 가지 제공방식이 종류별로 기재돼 있었고, 가격도 각각 다르게 책정돼 있었다. 메뉴판에 없어도 손님들이 특별히 원하는 방식이 있으면 그렇게 서비스를 했다.

그 가운데 가장 인상 깊었던 메뉴는 '세인트 알리 커피 테이스팅 플레이트St. Ali coffee tasting plate'였다. 이는 에스프레소와 플랫 화이트, 브루어brewer로 추출한 커피와 핸드드립 커피, 그리고 콜드브루cold brew* 커피를 하나로 엮은 세트메뉴였는데, 음료마다 다른 원두를 사용했기 때문에 카페에서 추천하는 최고의 커피를 골고루 맛볼 수 있었다.

특히 브라질 파젠다 하이냐Fazenda Rainha 커피로 만든 에스프레소와 플랫 화이트는 동일한 원두를 사용했음에도 전혀 다른 개성을 발휘했다. 개인적으로는 전부터 좋아하던 농장의 커피라 더욱 눈여겨 보았는데, 베리berry 계열의 화사한 향미가 돋보이는 에스프레소와 캐러멜 같은 단맛이 극대화된 플랫 화이트는 도저히 같은 커피를 사용했다고 믿을 수 없을 만큼 상반된 성격을 보였다. 단순히 좋은 품질의 생두로 맛있는 커피를 만드는 것이 아니라, 메뉴에 맞게 커피의 다양한 매력을 발산하는 느낌이었다. 그야말로 커피를 이용한 음료였다.

커피를 마시고 있을 때 세인트 알리의 대표와 이곳의 아이콘인 맷 퍼거가 우리 테이블을 찾았다. 그때 두 사람과는 카페를 오픈했을 때의 이야기와 매장에 놓여있는 가구에 대해 가벼운 대화를 나눴던 것으로

---

* 콜드브루cold brew 낮은 온도의 물로 장시간에 걸쳐 커피를 추출하는 방식.

기억한다. 함께 있었던 한 일행의 설명에 따르면 그들은 원래부터 커피인들과 교류하는 것을 워낙 좋아하는 열정적인 사람들이라고 한다. 아마도 그러한 그들의 순수한 열정이 지금의 세인트 알리와, 세인트 알리의 바리스타를 만들었을 것이다.

비단 세인트 알리뿐 아니라 호주의 많은 스페셜티 카페와 그곳의 바리스타들은 자신의 일에 열정적이고 다른 커피인들에게도 개방적이었다. 어느 나라에서 왔는지를 묻고 한국이라고 답하면, 자신이 아는 한국인 바리스타들을 직접 소개해주기도 했다. 이는 멜버른 커피업계의 전반적인 분위기라고 하는데, 좁은 지역 안에서 로스터나 바리스타들의 이동이 잦다 보니 한곳에서 일하지 않아도 금방 친해지는 것이다. 그만큼 서로간의 정보 공유가 활발해서 '멜버른'이라는 하나의 거대한 팀으로 연결된 느낌을 받는다는 것이 멜버른에 사는 한 바리스타의 설명이었다.

이러한 스페셜티 카페들 중에는 보는 이를 압도하는 큰 규모와 다양한 메뉴를 자랑하는 곳도 있다. 하지만 이렇게 꼭 웅장한 카페가 아니더라도 멜버른에는 좋은 품질의 커피를 마실 수 있는 곳이 얼마든지 있다.

'품질 좋은 커피'의 폭이 넓다고 해야 할까.

멜버른에서 가장 큰 시장 중 하나인 퀸 빅토리아 마켓Queen Victoria Mar-ket 주변에는 이색적인 카페들이 많다. 그곳은 컨테이너 박스로 된 카페에서도, 시장커피market coffee라는 이름의 카페에서도 세인트 알리의 커피와는 다르지만, 나름 매력적인 커피를 판매하고 있었다. 배전도는 비교적 높았지만 일단 저렴하고, 나름대로 균형감도 지닌 대중을 위한 커피였다. 하지만 그것조차도 한국의 '대중적인 커피'에 비해서는 낮은 배전도였으며 훌륭한 품질을 자랑했다.

한편 시장 인근에 위치한 또 다른 카페인 마켓 레인Market Lane은 높은 등급의 스페셜티 커피를 팔지만 앉을 곳도 없어 포장마차 같은 분위기를 풍기는 재밌는 카페였다. 마켓 레인의 입구에 다다랐을 때, 잘 차려 입은 젊은 커피인들이 데미타스demitasse를 들고 서있는 모습을 보며 의아해 했는데, 내부에 들어가 보고 나서 왜 그럴 수밖에 없었는지 알게 되었다.

마켓 레인은 매장 안이 매우 협소한데다 좌석이 아예 없어서 사람들은 어디든 등을 기댈 수만 있으면 그곳에 서서 커피를 마셨다. 심지어는 바 안에 들어가서 커피를 홀짝이는 사람들도 있었다. 손님들은 잔을 들고 매장 안팎을 배회하며 공간을 가득 메웠고, 바리스타들과도 자유롭게 대화를 나눴다. 커피를 사랑하는 자유로운 영혼들의 공간이랄까. 그곳은 오늘날 스페셜티 커피가 주는 인상 그 자체였다.

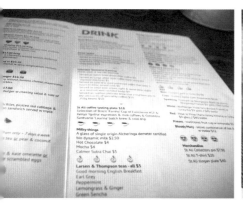

아주 좁은 매장이지만 간단한 음식과 고품질의 커피를 동시에 즐길 수 있는 카페도 있었는데, 브라더 바바부단이 그중 하나였다. 이곳은 단어의 앞글자를 따서 'BBB'라고도 부른다.

BBB는 비좁은 골목 안에 있는데, 허름하고 작은 실내 공간에 간판 조차 달려있지 않다. 카페 근처에 가서 지나가는 행인에게 길을 물어보자 그가 이렇게 대답했다.

"저기 앞에 보이는 골목에서 왼쪽으로 가면 있어요. 간판도 없고 이 정표도 없지만 그 가게를 지나칠 일은 없을 거예요."

나는 무슨 소리냐며 몇 번을 되물었지만, 그의 안내대로 골목에 들어서자마자 곧 그 말이 어떤 뜻인지 알게 되었다. 조그만 가게의 외관에는 어떤 간판이나 흔한 손그림 하나 없었지만, 그 앞은 손님들로 긴 장사진을 이루고 있었다. 매장 내부에는 좌석이 열 개도 채 되지 않았으며 그마저도 제대로 된 자리라고 보긴 힘들었다. 테이블 역할도 벽에 붙어 있는 나무판자가 대신했다.

나는 높은 아일랜드 의자 위에 가방을 꼭 끌어안고 앉아 커피가 나오기를 기다렸다. 에스프레소와 롱 블랙을 기다리는 동안 머핀 두 개를 해치웠지만, 주문한 지 40분이 넘어서도 커피는 나오지 않았다. 10평도 안 되는 작은 카페에 어마어마한 양의 주문이 들어오고 있었기 때문이었다. 바리스타들은 정신 없이 바빠서인지 무척이나 신경질적인 태도로 카메라 셔터를 피했는데, 불친절한 서비스 따위는 무시할 수 있을 만큼 커피 맛이 훌륭했다.

단 며칠 간의 경험이었지만 내가 느낀 호주 커피의 매력은 단연 다양성이었다. 특히 멜버른은 소비시장이 유독 크기 때문인지는 몰라도 스페셜티 커피와 커머셜 커피가, 그리고 커피와 일상이 아무런 장벽 없이 잘 어우러져 있는 곳이라는 인상을 받았다. 하루에도 몇 잔씩 다양한 종류의 커피를 마시는 멜버니언들이지만 그들은 커머셜과 스페셜, 어느 하나를 대단히 고집하기보다 여러 환경에서 비롯된 다채로운 커피를 편견 없이 받아들이는 듯했다.

거기에는 어떠한 규격도, 규정도 없었다.

호주 커피를 표방하는 전 세계의 카페들은 낮은 배전도의 커피를, 그리고 아메리카노와 라떼 대신 롱 블랙과 플랫 화이트를 메뉴판에 걸고 있다. 하지만 어쩌면 그들이 정말로 닮고 싶었던 것은 호주의 스페셜티 카페들이 선보이는 높은 품질의 커피뿐만이 아니라, 커피에 대한 호주 사람들의 의식과 사상이 아니었을까 싶다.

04
_____

아름다운
커피의 도시
시애틀

_____

커피하는 사람들에게 시애틀은 매우 특별한 곳이다. 현재의 커피문화가 시작된 도시이자 스타벅스의 고향이기 때문이다.

스타벅스 1호점은 시애틀 바닷가의 파이크 플레이스 마켓^{Pike Place} ^{Market} 인근에 자리 잡고 있다. 싱싱한 해산물과 탐스러운 과일이 넘쳐나는 재래시장 한쪽에는 치즈나 빵을 파는 상가들이 줄지어 서있는데, 이곳에 '1912'라고 번지수가 크게 적혀있는 작은 가게가 바로 스타벅스 1호점이다. 우리에게는 조금 낯선, 갈색으로 된 스타벅스 간판이 달려있

는 이곳은 스타벅스의 초창기 로고가 새겨진 머그잔이며 텀블러를 팔고 있어, 언제나 전 세계에서 온 방문객들로 문전성시를 이룬다.

예나 지금이나 스타벅스의 로고에는 똑같이 세이렌^{siren}이라는 인어가 그려져 있지만, 초기의 로고는 지금과 다른 모양을 하고 있다. 이곳 1호점의 로고는 세이렌의 전신을 매우 사실적으로 묘사하고 있는데, 일부 보수적인 성향을 가진 국가들이 이를 지나치게 외설적인 것으로 받아들여 현재와 같은 형태로 바뀌었다고 한다. 또한 로고는 처음 수정했을 때만 해도 'STARBUCKS COFFEE'라는 상호가 그대로 적혀있었지만, 2011년에 들어서는 굳이 이름이 없어도 전 세계 사람들이 모두 스타벅스임을 알고 있다며 로고에서 상호를 아예 지워버렸다.

세이렌은 그리스 신화에 빼어난 미모로 뱃사공들을 홀려 바닷속으로 끌고 가는 바다괴물로 등장하는데, 그런 세이렌처럼 사람들을 유혹하고자 했던 스타벅스의 바람은 꽤나 성공적으로 이루어진 것 같다.

2015년 다시 찾은 스타벅스 1호점은 여느 때처럼 커피를 마시는 사람보다는 머그잔과 텀블러를 사려는 사람이 더 많았지만, 나는 모처럼의 방문을 기념(?)해 커피 한 잔을 주문했다.

"디카페인 라떼 한 잔, 저지방 우유로 주세요."

그러자 머리카락이 하얗게 바랜 한 할머니 점원이 호탕하게 웃으며 이렇게 이야기했다.

"와우! 당신은 정말 최악의 커피취향을 가졌군요. 지방도 카페인도 없는 라떼라니."

내 커피취향이 실제로 '그런' 것은 아니지만, 한때 스타벅스의 정체 성과도 같았던 그 메뉴를 꼭 1호점에서 맛보고 싶었다. 디카페인 커피 특유의 텁텁한 맛과 밋밋한 향에 바디body도 떨어지는 라떼였지만, 그래 도 나름 커피가 들어있는 커피음료로서의 역할을 하고 있었다. 커피를 마시고 싶어도 카페인 때문에 엄두도 내지 못했던 이들이 이 한 잔에 얼마나 열광했을까. 그런 생각을 하니 커피의 견과류 향nutty과 우유의 적당한 단맛이 나름대로 조화를 이루고 있다는 느낌이 들었다. 그리고 항상 그렇듯 커피에 담긴 이야기는 커피를 더욱 맛있게 했다.

사실 지금의 에스프레소 커피문화가 스타벅스를 통해 시작된 것은 아니다. 일찍이 이탈리아에서는 에스프레소 머신이 1855년에 개최된 만국 박람회 이후 1901년부터 상용화되었고, '빨리express 추출되는 커피'라는 이미지의 에스프레소를 파는 카페들도 하나둘 생겨났다. 물론 에스프레소가 미국을 포함한 글로벌 시장에 알려지는 데는 스타벅스가 큰 역할을 했지만, 엄밀히 따지면 그것도 스타벅스보다 피츠커피Peet's Coffee가 먼저였다. 실제로 스타벅스의 일부 창립자들은 두 회사의 지분을 동시에 소유했고, 스타벅스는 오픈 첫 해에 피츠커피의 원두를 사용하기도 했다. 말하자면 피츠커피가 스타벅스의 비즈니스 모델인 셈이었다.

많은 사람들은 오늘날 스타벅스가 피츠커피보다 더 크게 성공할 수 있었던 이유가 개인별로 원하는 옵션을 선택할 수 있는 새로운 사업모델과 마케팅 전략 때문이었다고 말한다. 여기에 매장을 찾는 고객들에게 전문가의 입장에서 무엇이든 기꺼이 설명해주는 친근한 직원들의 서비스도 한몫했을 것이다. 이미 잘 알려진 대로 직원들에게 지분을 배당하는 시스템이 이를 가능하게 했다.

사람에 따라서는 '최악의 커피취향을 가졌다'는 점원의 말이 불쾌하게 들릴 수도 있다. 사실 점원이 내게 한 말은 정확히 말해서 '최악의' 취향이 아니라, '구역질 나는disgusting' 취향이었다. 모르긴 몰라도 한국에서는 카페직원이 손님의 주문에 이렇게 응대했다간 '당장 사장 나오라'며 삿대질을 하는 거센 항의를 감당해야 할 것이다. 그럼에도 당시 이런 대화가 오히려 즐겁고 친근하게 받아들여질 수 있었던 건 단순한 서비스를 넘어서 상대를 대하는 그들의 진심 어린 태도 덕분이었다. 그간 시애틀을 두 차례 방문하면서 몇 군데의 스타벅스를 들렀지만, 그때마다 직원들 모두가 자신의 일을 즐기는 모습이었다.

이렇게 커피문화가 시작되었기 때문인지 시애틀의 카페들은 하나같이 커피에 대해 열정적이고 친근한 서비스를 제공했으며, 커피 자체도 굉장히 전문적이고 세분화되어 있었다. 시애틀의 노스웨스트 마켓Northwest Market 근처 주택가에 위치한 슬레이트 커피Slate Coffee에서는 이러한 측면을 아주 여실히 실감할 수 있었다.

슬레이트 커피는 '2013 America's Best Coffeehouse' 등 여러 대회에서 우승한 경력이 있는 카페다. 매장 내에는 이렇다 할 테이블 하나 없었고, 카운터쪽 바와 창가에 있는 의자에 둘러앉아 커피를 마시는 것이 전부였다. 미처 자리를 잡지 못한 사람들은 그대로 서서 커피

를 마시거나 바리스타와 대화를 나눈다. 이곳에서는 메뉴를 주문하면 오너나 바리스타가 음료에 대해 일일이 설명을 해준다. 나는 이곳을 소개해준 친구의 추천으로 '디컨스트럭티드 에스프레소+밀크^{deconstructed} ^{espresso+milk}'라는 메뉴를 주문했는데, 이름 그대로 에스프레소와 우유가 따로 따로 제공되는 음료였다.

"이 에스프레소는 내추럴 프로세싱으로 가공한 에티오피아 커피인 데, 라즈베리와 시트러스^{citrus} 계열의 풍부한 향미가 있어요. 그리고 이 우유는 지역^{local} 농장에서 가져온 균질화되지 않은 우유인데, 매우 크리 미^{creamy}해요. 이 두 가지를 합친 라떼는 균형감과 단맛이 좋은 음료죠."

그건 마치 바리스타 대회에 나온 선수들의 프리젠테이션 같았다. 커피와 우유도 훌륭했다. 무엇보다 감동적이었던 건 우유였는데, 균질화되지 않은 우유의 진한 단맛과 섬세한 향은 쉽게 경험할 수 없는 것이었다. 설명 그대로 녹은 아이스크림처럼 크리미한 촉감이었다. 설령 실제 맛이 설명과 다르다 한들 상관없었다. 대회 때처럼 채점을 할 것도 아니고, 이로 인해 큰 만족감과 즐거움을 얻는 것만은 분명했기 때문이다.

슬레이트 커피 외에도 시애틀의 많은 카페들이 그만의 감성으로 자신의 커피에 대해 하나하나 설명해줬다. '어느 농장에서 어떤 방식으로 가공된 커피를 어떻게 손에 넣게 됐다'던가, 혹은 '그것으로 어떤 음료를 만들었고, 손님들이 어떻게 느껴줬으면 좋겠다'는 식이었다.

미국은 주로 커피의 수확시기에 맞춰 계절별로 생두를 거래하기 때문에 싱글 오리진의 선택지가 좁은 편이다. 그래서 한국처럼 카페마다 온갖 산지의 커피가 구비되어 있지 않다. 콜롬비아 커피가 한창 시장에

나올 때면 대부분의 카페들이 콜롬비아 커피를 사용한다. 게다가 원두를 납품 받는 곳들도 상당하기 때문에 다른 카페에서 같은 커피를 마시게 되는 경우도 많다. 하지만 손님들과 공유하는 그 카페만의 운영 철학이나 커피에 대한 참신한 접근방법, 차별화된 추출방식 덕분에 결코 지루하게 느껴지지 않는다.

시애틀에서는 커피가 그저 그런 카페인 음료가 아니라, 산지와 문화를 한 잔에 온전히 담아낸 것이라는 느낌이 들었다. 한때 스타벅스에 대항하기 위해 시작된 이들 스페셜티 카페의 특별한 서비스가 오늘날의 써드 웨이브$^{3rd wave}$를 만들었으리라.

어떤 이들은 시애틀 커피가 '세컨드 웨이브$^{2nd wave}$의 발상지'라는 명성에 걸맞게 배전도가 높고, 스페셜티 커피의 최신 흐름과도 거리가 멀어졌다며 평가절하하기도 한다. 하지만 적어도 내게 시애틀의 '커피하는 사람들'이 보여준 신념과 소통에 대한 의지는 전 세계 어느 곳과도 견줄 수 없는 최고의 커피문화였다.

더욱이 이러한 시도는 점점 더 전문화되어 가는 추세라서 흡사 대회의 한 장면을 방불케 하는 카페들도 심심찮게 생겨나고 있다. EK43 그라인더를 이용해 추출한 싱글 오리진 에스프레소를 많은 곳에서 판매하고 있었고, 이밖에도 다양한 추출기구와 제조방식을 사용하고 있었다.

청결과 품질 관리도 놀라운 수준이었다. 스페셜티 카페를 표방하는 곳은 거의 다 매 샷마다 커피의 무게를 재고 에스프레소 머신을 닦았으며, 심지어 음료가 나오는 중에 머신의 한쪽 그룹헤드를 청소하는 매장도 있었다.

시애틀에 커피 붐을 일으킨 스타벅스 역시 2014년 '스타벅스 리저브 로스터리 앤 테이스팅 룸Starbucks Reserve Roastery&Tasting Room'을 오픈하며 커피가 만들어지는 일련의 과정을 전부 공개했다. 생두는 미리 설정된 프로파일에 따라 자동적으로 로스팅되며, 직원들은 이를 지켜보는 손님들에게 로스팅 지식을 알려준다. 생두를 보여주고 냄새를 맡게 한 다음, 생산농장과 가공방식을 설명해주기도 한다. 방금 로스팅한 원두를 한두 알씩 건네며 맛과 향을 느끼게 한 후, 손님이 원하는 방식으로 추출하고 음료를 건넬 때는 향미에 대한 언급도 잊지 않는다.

내가 시애틀에 갈 때마다 안내를 맡아준 사람은 미국인 친구인 브론웬 세르나Bronwen Serna였다. 그녀는 2004년도 미국바리스타챔피언쉽United States Barista Championship, USBC에서 우승했던 바리스타인데, 전에 근무했던 직장에서 알게 되었다. 두 번째 시애틀 방문 때, 나는 문득 궁금해져서 그녀에게 이런 저런 것들을 물어보았다.

한때 선수였던 입장에서 느꼈던 대회와 매장의 차이는 없었는지. 대회 선수에서 매장 바리스타로 돌아왔을 때의 거리감은 없었는지 말이다.

종종 한국의 선수 출신 바리스타들과 이런 이야기를 하면 그들의 대답은 늘 '대회와 매장은 두말 할 것 없이 다르다'였다. 하지만 그녀에게서 나온 답변은 뜻밖이었다.

"어째서 그게 달라야 하는 건지 잘 모르겠어."

그녀의 설명에 따르면 시애틀의 많은 바리스타들이 실제 매장에서 판매하는 커피를 대회에 그대로 가지고 나간다고 한다. 오래 전 일이지만 그녀 또한 그랬고, 설령 기존에 있던 커피가 아니라고 해도 대회가 끝나면 판매하는 것이 일반적이라고 했다. 왜냐하면 사람들도 '대회용 커피'를 궁금해 할 것이고, 좋은 커피라면 기꺼이 돈을 지불할 것이기 때문이다.

그녀는 또 흔하진 않지만 가끔 그 커피에 대해 불만이나 의구심을 품는 사람들이 있는데, 그때는 잘 설명해주면 그만이라고 덧붙였다. 그건 충분히 좋은 커피이기 때문에 사람들이 당연히 좋아할 것이고, 매장에서도 수익에 도움이 되므로 팔지 못할 이유가 없다는 것이었다. 서비스도, 청결과 품질 관리도 마찬가지. 결론적으로 대회와 매장 사이에 괴리는 없다는 얘기였다.

"만약 어떤 손님이 그런 커피를 싫어한다면, 그 사람은 그냥 자기가 원하는 곳을 찾아가고, 다시는 오지 않겠지. 그뿐이야."

자신의 커피에 자부심을 가지고 임하면 손님들은 그 품질에 따라 비용을 내는, 아주 간단하지만 절대로 쉽지 않은 그 선순환이 이루어지고 있다는 말에 나는 부러움을 감출 수가 없었다.

흔히들 세계 대회에서 바리스타의 역할은 '커피업계의 새로운 지평을 열고 롤 모델이 되는 것'이라고 이야기한다. 하지만 이러한 명제가 성립하려면 우선 '대회와 매장이 다르지 않다'는 것이 전제되어야 한다. 그래야만 대회에서 소개되는 기술과 가치를 매장에도 적용할 수 있기 때문이다. 그렇게 많은 사람들이 그 방식을 따르고 그것이 새로운 유행이 되면 커피업계의 새 지평이 열리는 것이다. 써드 웨이브가 그러했듯이 말이다. 나는 브론웬을 통해 그 꿈만 같았던 이야기가 현실에서 일어나고 있다는 얘기를 듣고 가슴이 뛰고, 소름이 돋았다.

시애틀이 아름다운 커피의 도시인 것은 단지 카페가 많은 곳이어서도, 스타벅스가 처음 생긴 곳이어서도 아니다. 애초에 이 모든 것이 가능할 수 있었던 것은 '좋은 커피'를 위한 노력이 빛을 발할 수 있는 문화적 토대와 개성과 열정이 넘치는 커피인들 때문이었을지도 모른다.

시애틀은 커피를 하는 모두가 꿈꿀 만한, 아름다운 커피의 도시다.

05

된장녀와
커피쟁이

커피를 직업으로 하다 보면 몇 가지 잃게 되는 것들이 있는데, 그중 하나가 바로 커피숍을 즐기는 일이다.

일단 커피숍에 들어서면 소파의 안락함보다 에스프레소 머신의 사양에 더 관심이 가고, 매장 음악보다는 밀크 스티밍 소리에 귀를 기울이게 된다. 디저트보다는 원두를, 메뉴판의 사진보다는 바리스타의 손을 유심히 관찰하게 된다. 예쁜 라떼아트에 감탄하는 대신 우유거품의 질을 살핀다.

이중 단 하나라도 공감하는 내용이 있다면, 당신은 틀림없는 커피쟁이다.

한편, 된장녀라는 말이 있다.

밥값만큼 비싼 커피가 유행하기 시작할 무렵, 카페에서 여유롭게 커피를 즐기는 여성들을 그렇게 불렀다. 이제는 된장녀라는 표현이 다소 고리타분하게 들리는 시대가 되었지만, 이는 불과 10년도 채 되지 않은 시절의 이야기다.

실은 나도 그 된장녀들 중 한 명이었다.

아침 등교길에는 크림치즈를 듬뿍 바른 베이글과 라떼를 즐기고, 가끔은 강의를 빼먹고 강남 커피숍의 햇빛이 비치는 테라스에 앉아 사람들을 구경하던 그런 사람.

이따금 책을 읽으며 카페에서 흘러나오는 잔잔한 음악에 취하거나, 푹신한 소파에 몸을 맡긴 채 치즈 케이크 한 조각과 커피 한 모금으로 하루의 피로를 녹여내기도 했다. 다이어트를 할 때면 캐러멜 프라푸치노와 아메리카노 사이에서 한참을 고민하다, 결국 저지방 우유가 든 카페모카로 타협을 보던 때도 있었다.

하지만 언제부턴가는 나도 커피쟁이가 되어 '된장질'의 소소한 즐거움을 잃어버렸다.

생각해보면 된장녀도 커피쟁이도 모두 커피에서 즐거움을 찾는 사람들인데, 이상하게도 그 느낌은 사뭇 다르다. 된장녀들에게 커피가 일회성의 유희라면, 커피쟁이들에게 커피는 일종의 신념이다.

이들은 커피의 순수한 매력을 찾고 시장이 나아가야 할 방향을 생각하며, 이를 더 많은 사람들에게 전하기 위해 노력한다. 때로는 그 마음이 너무 단단해서 하나의 신앙 같다는 인상마저 풍긴다. 마치 결코 침해되어서는 안 되는 '커피'라는 미지의 성역을 지키는 신도들처럼 말이다. 그 자체로 즐거움이 된다면 누가 뭐라 할 수 있겠냐마는, 간혹 주객이 전도되어 자신이 무엇을 위해 그러한 믿음을 따르는지 잊고 방황하는 경우도 있다.

나는 대회에 줄곧 참가해왔던 '선수'들이 은퇴 후 보통의 '바리스타'로 돌아왔을 때 사춘기를 겪듯이 방황하는 모습을 몇 번이나 본 적이 있다.

하지만 만약 그들이 처음부터 유명인이나 승부사가 되기를 원했던 거라면, 바리스타가 아니라 연예인이나 운동선수의 길을 걷지 않았을까?

그들을 바리스타나 로스터로 만든 것은 분명 커피의 어떤 순수한 매력이었을 것이다. 그렇게 보면 커피쟁이들도 한때는 다들 된장녀와 된장남이었을지도 모를 일이다.

한번쯤은 영화 〈다크 나이트Dark Night〉에 나오는 '조커'의 대사처럼, 스스로에게 'Why are you so serious?'(뭐가 그렇게 심각해?)'라고 자문해보는 것이 어떨까? 커피가 직업인 이상 커피를 하는 게 마냥 신나고 재미있을 수는 없겠지만, 그럼에도 우리의 커피는 언제나 즐거워야 한다.

즐거움을 주는 한 잔의 맛있는 커피, 그리고 여유로운 공간으로서의 카페.

우리 커피쟁이들을 완성하는 것은 그 한 점의 된장이 아닐까 싶다. 된장질을 아는 커피쟁이. 제법 그럴듯한 타협점이 아닌가?

06
___

커피하는
사람들

___

자칭 '커피하는 사람들'이 이야기하는 '커피하는 사람'은, 대체로 어떠한 형태로든 커피음료의 재료가 되는 생두나 원두를 실질적으로 다루는 사람이다. 바리스타나 로스터, 커퍼와 같은 사람들 말이다. 그런데 사실 커피업계에는 원두 한 톨 직접 쥐어본 적은 없지만 커피하는 사람들이 커피를 '할 수 있게' 해주는 사람들이 있다.

아마 아프리카에서 처음 커피가 발견됐을 당시에는 '품종'이라는 개념이 아예 없었을 것이다. 그러나 이후 무성한 잡풀에 불과했던 커피나

무의 유전적 특성을 연구하고, 보다 우월한 신품종을 개발하려는 노력이 이루어지면서 다양한 종류의 커피가 생겨나게 됐다.

이 과정에서는 식물학자나 토양학자, 유전학자 등 여러 과학자들의 기여가 컸다. 이들은 주로 커피의 품질 향상을 위해 힘쓰지만, 그보다 더 강력한 동기부여가 되는 것은 병충해에 대한 면역력과 생산력을 높이겠다는 목적의식이다. 이는 커피 생산자들에게 공포의 대상인 로야roya*에 대항하기 위해 그간 얼마나 많은 품종이 개발되어 왔는지만 봐도 쉽게 짐작할 수 있다.

적당한 품종을 골랐다고 하더라도 그것을 몇 년 동안 별탈 없이 잘 키워내기 위해서는 농경이나 미생물 분야 전문가들의 역할이 중요하다. 내가 하와이에서 만났던 댄 쿤Dan Kuhn이라는 농경학자는 커피나무가 시드는 원인을 파악하고자 그 옆에 땅을 파고 유리로 된 컨테이너를 설치해 뿌리를 관찰하기도 했다.

수확시기에 커피체리를 따는 사람들을 피커picker라고 부른다. 물론 잘 익은 열매를 하나씩 손으로 따는 영세한 농장도 있지만, 어느 정도 규모가 되는 농장에서 이런 방식으로 커피를 수확하다가는 천문학적인 규모의 인건비를 지불해야 한다. 농장 역시 경제적인 논리로 돌아가

---

* 로야roya 전염성이 매우 강한 커피녹병. 곰팡이균의 일종으로 나뭇잎을 서서히 얇아지게 하며 로야에 걸린 커피나무는 광합성을 못하고 말라 죽는다.

는 사업체이므로 대량의 커피를 효율적으로 수확할 수 있는 시설이 필요하다. 그러면서도 커피나무를 상하게 하거나 커피의 품질을 떨어뜨려서는 안 되기 때문에 수확한 커피를 일정한 품질 기준에 따라 나누는 분류계도 있어야 한다. 산지에서 압도적인 시장 점유율을 차지하고 있는 핀할렌스Pinhalense*와 마이크로 밀micro mill*의 발전에 크게 기여한 페나고Penago가 대표적인 예다.

이렇듯 설비를 개발, 발전시키려는 이들이 없었다면 생두 가공기술은 결코 지금의 수준에 이르지 못했을 것이다. 심지어 커피체리를 발효시키는 곳인 발효탱크도 자세히 보면 생두를 효과적으로 가공하기 위한 기술이 상당부분 녹아들어 있다.

산지의 생두가 소비국으로 전달되는 과정에서도 여러 직업군이 관여한다. 생두를 보관하는 곳인 사일로silo는 온도와 습도 등의 외부 환경을 적절하게 맞출 수 있는 노하우가 요구되며, 화물선의 선적 컨테이너도 생두가 해상에서 기후의 영향을 받지 않는 쪽으로 개선되고 있다.

우리가 보통 '생두포대 안에 든 초록색 비닐'로 알고 있는 그레인 프로grain pro부터 선적 컨테이너의 내부 온도와 습도를 조절하기 위한 각종 장치들까지 그 범위는 무궁무진하다. 선적 컨테이너에 들어가는 생두

---

* 핀할렌스Pinhalense 커피 가공 관련 장비를 생산하는 브라질 회사.
* 마이크로 밀micro mill 아주 적은 양의 커피를 농장에서 직접 가공하는 방식.

의 양도 포대를 쌓는 담당자의 전문성에 따라 확연히 달라진다.

커피는 식재료이기 때문에 출항과 입항 시 검역을 필수로 거쳐야 하며, 이때는 실제 검역을 하는 사람뿐 아니라 배송 관련 서류 작업을 맡는 포워딩forwarding 업체의 역할도 매우 중요하다. 많은 바리스타와 로스터들이 산지에서 마음에 드는 생두를 발견하고도 직거래에 실패하는 이유가 대부분 이 문제를 해결하지 못했기 때문이다.

생두를 구입한 후에는 이를 잘 보관할 수 있는 설비가 필요하다. 국내에는 2010년부터 몇몇 스페셜티 커피업자들이 사용하기 시작한 항온항습恒溫恒濕 설비가 있다. 생두는 온도와 습도가 알맞지 않으면 금세 산화되거나 건조해져서 향미가 변질되는데, 찌는 듯한 여름과 혹한의 겨울이 공존하는 한국은 그런 측면에서 환경이 썩 좋지 않다. 그래서 항온항습 시설이 도입되기 전에는 장마철을 앞두고 바겐세일을 하는 생두업체들도 있었다.

일찍이 일본에서 이러한 틈새시장을 잘 공략하여 자리잡은 일본 회사가 있다. 이곳은 대규모 운수사업을 하는 곳으로 유명하며, 고객이 지불한 금액에 따라 제품을 원하는 조건에서 보관해주는 창고 사업으로도 크게 성공한 바 있다.

2009년 일본을 방문했을 때 이 창고를 견학한 적이 있었는데, 생두를 보관하는 장소의 온도와 습도를 모니터링해서 적정 수치를 유지

하는 것을 보고 큰 감명을 받았다. 그 창고는 당시 일본에서도 일반적인 시설은 아니었기 때문에 이곳의 관계자들이 높은 자부심을 드러내기도 했다.

또한 이러한 환경은 그저 냉방과 제습만 한다고 조성되는 것이 아니라 커피의 상태에 따라 조절되는 부분이기 때문에 커피의 상태를 지속적으로 확인할 수 있는 관리 시스템이 함께 마련되어야 한다.

커피음료를 만드는 일에도 단순히 커피를 로스팅을 해서 한 잔씩 추출하는 방식만 있는 것은 아니다. 국내 커피시장에서 큰 비중을 차지하는 인스턴트커피는 원두를 대량으로 압출한 다음 냉동건조를 시켜야 하며, 이 과정에서 강한 열과 압력에 의한 커피의 향 손실을 최소화하는 기술이 적용된다. 커피가루가 그대로 들어있다는 인스턴트 제품 역시 그런 기술 중 하나가 적용된 사례다. '그냥 원두를 곱게 갈아서 넣으면 되지'라고 생각할지도 모르겠지만, 커피가루가 입안에 걸리적거리지 않게 음료와 완전히 섞일 정도로 원두를 곱게 분쇄하면서 커피의 향을 살리는 것이 그리 간단하지만은 않다.

커피 추출액을 일반 소비자들이 쉽게 접근할 수 있는 RTD[Ready To Drink] 음료로 가공할 때는 커피의 향미와 함께 사용하는 부재료의 조화를 고려해야 한다. 각각의 재료에 대한 지식과 이해가 선행되어야 하는 것은 물론이고, 제품이 일정기간 문제없이 유통될 수 있도록 전처리도 시행해야 한다.

여기서 끝이 아니다. 요즘은 커피시장이 어마어마한 규모로 확대된 만큼, 제품을 효과적으로 홍보할 수 있는 마케팅 전문가들의 손길이 필요하다. 패키지만 예쁘게 만들면 되는 시대는 끝난지 오래다. 특히 스페셜티 커피는 상세한 생산과정과 산지정보를 공유하는 시장의 특성상, 홍보 및 마케팅 전문가들도 웬만한 개발자 못지 않은 커피지식이 있어야 한다.

이따금 지면이나 영상, SNS 등을 통해 커피를 알리는 사람들을 만나면 그 해박한 지식에 입이 떡 벌어지기도 한다. 내가 오랫동안 알고 지낸 한 여성 기자는 국내의 유명 커피 월간지에서 7년 정도 일한 커피전문 기자였는데, 그녀는 일반 독자와 전문가를 모두 아울러야 하는 전문지의 기자답게 전문적인 내용 중에서도 일반 독자가 흥미로워할 만한 주제를 발굴하는 데 탁월한 안목이 있었다. 내가 프리랜서 생활을 하며 지나치게 전문가적인 시각에서 많은 것을 해석하려고 할 때, 그녀는 대중의 눈으로 바라보는 법을 알려준 나의 가장 소중한 인연 중 하나다.

생두와 원두만 따져도 이 정도인데, 커피 관련 장비나 각종 부재료까지 생각한다면 과연 '커피하는 사람'을 어떻게 규정해야 할까?

커피강사도, 커피전문 기자도, 혹은 커피무역을 하는 사람도 결국에는 모두 강사이고 기자이자 무역상이다. 다만 이들은 '커피'라는 공통된 전문성 안에서 각자 별개의 직업이 있을 뿐이다.

어쩌면 의미조차 애매모호한, 이 '커피하는 사람'이라는 직업은 커피를 너무 사랑하지만 그 안에서 정체성을 찾지 못한 사람들이 자기 자신을 부르는 데서 시작된 말이 아닐까?

그들이 스스로 자부할 수 있는 한 가지 분야를 찾았을 때 이 '커피하는 사람'이라는 말은 다른 이름을 갖게 될 것이다. 그리고 그 무엇을 발견할 때까지, 우리는 '커피하는 사람'이다.

커피덴셜

커피하는 사람의 시선으로 바라본 커피업계 이야기

송인영 지음

발행 | 1판 1쇄 2015년 9월 11일
1판 2쇄 2016년 1월 22일

펴낸이 | 홍성대
책임편집 | 정성희
편집 | 이여진
사진 | 월간COFFEE, 송인영
디자인 | 정해진(onmypaper)
마케팅 | 이정헌, 이태균, 채희민

펴낸곳 | 아이비라인
출판등록 | 2001년 12월 27일 제311-2003-00049호

주소 | (140-801)서울시 용산구 갈월동 18번지 신아빌딩 2층
전화 | (02)388-5061 팩스 | (02)388-9880
홈페이지 | www.coffeero.com

ISBN 978-89-93461-25-1 13590